ESQUISSE

SUR

LE CANADA

CONSIDÉRÉ

SOUS LE POINT DE VUE ÉCONOMISTE

PAR

J. C. TACHÉ

Membre du Parlement canadien et commissaire du Canada
à l'Exposition Universelle

PUBLIÉ

par ordre du Comité exécutif chargé de l'Exposition canadienne
siégeant à Québec

PARIS

HECTOR BOSSANGE ET FILS

QUAI VOLTAIRE, 25

1855

ESQUISSE

SUR

LE CANADA

PARIS. — IMPRIMERIE DE J. CLAYE,

RUE SAINT-BENOIT, 7.

ESQUISSE

SUR

LE CANADA

CONSIDÉRÉ

SOUS LE POINT DE VUE ÉCONOMISTE

PAR

J. C. TACHÉ

Membre du Parlement canadien et commissaire du Canada
à l'Exposition Universelle

PUBLIÉ

par ordre du Comité exécutif chargé de l'Exposition canadienne
siégeant à Québec.

PARIS

HECTOR BOSSANGE ET FILS

QUAI VOLTAIRE, 25

1855

Cet ouvrage, publié aux frais de la province du Canada, sera distribué gratuitement : et les personnes qui désireront se procurer un exemplaire pourront s'adresser à la section canadienne dans l'Annexe du bord de l'eau.

L'auteur devant résider à Paris tout le temps de l'Exposition, se fera un plaisir, comme c'est pour lui un devoir, de donner sur son pays tous autres renseignements que pourraient désirer les personnes qui s'occupent du Canada.

Un catalogue raisonné des produits que renferme la section canadienne de l'Exposition universelle sera incessamment publié : il contiendra des indications importantes sur les marchés canadiens.

L'auteur de ce livre n'a pas choisi par prédilection le point de vue duquel il a considéré le Canada. Sans doute que les richesses que renferment les forêts, les eaux et le sol de cette vaste contrée méritent bien qu'on les étudie et qu'on les fasse connaître; mais, si un objet spécial, en rapport avec l'Exposition Industrielle de 1855, n'eut pas tracé le cadre et assigné les limites rétrécies de cet opuscule, l'auteur eût trouvé dans la description des beautés pittoresques de la grande nature des bords du Saint-

*

Laurent, dans la peinture des mœurs si fortes des aborigènes, dans le récit des découvertes et des aventures des pionniers de la Nouvelle-France, des sujets bien plus propres à l'inspirer et bien plus en harmonie avec lui-même. Descendant d'une de ces quelques six mille familles qui ont défendu pied à pied le sol de leur patrie contre des forces dix fois supérieures, dont le chevalier de Lévis, dans un dernier, suprême, mais inutile appel au gouvernement français d'alors disait : « *Ils ont tout sacrifié* « *pour la conservation du Canada* »; rejeton de cette petite population si religieusement attachée à ses souvenirs; faisant partie de ce petit peuple qui a su résister aux éléments qui l'entourent et le pressent, et conserver les croyances, la langue et les traditions de la France, l'auteur de cette esquisse eût trouvé à parler de cœur des phases si émouvantes, si pleines de poésie de l'intéressante histoire de sa race.

Ces quelques mots sont une excuse au lecteur français, d'oser offrir en ce moment une œuvre aussi matérielle et aussi élémentaire, quand l'âme pourrait se livrer à tant d'épanchements... Car il faut le dire, la France ignore à peu près que la vallée du grand fleuve fut autrefois la Nouvelle-France, et que près d'un million de Français y ont grandi dans l'oubli !...

EXPLICATION

DES

CHIFFRES INSCRITS SUR LA CARTE GÉOGRAPHIQUE

ATTACHÉE A CE VOLUME

———————

Pour ne pas charger la petite carte qui accompagne, de noms qui eussent pu en détruire l'effet, comme indication de la distribution des eaux dans la vallée du Saint-Laurent, on a indiqué la situation des différents comtés par des chiffres dont voici l'explication.

1.	Comté de Gaspé.	13.	—	Québec.
2.	— Bonaventure.	14.	—	Lévis.
3.	— Rimouski.	15.	—	Dorchester.
4.	— Témiscouata.	16.	—	Beauce.
5.	— Tadoussac.	17.	—	Portneuf.
6.	— Kamouraska.	18.	—	Lotbinière,
7.	— Chicoutimi.	19.	—	Mégantic.
8.	— Saguenay.	20.	—	Nicolet.
9.	— Montmorenci.	21.	—	Yamaska.
10.	— L'Ilet.	22.	—	Drummond.
11.	— Montmagny.	23.	—	Artabaska.
12.	— Bellechasse.	24.	—	Champlain.

25. Comté de Saint-Maurice.
26. — Maskinongé.
27. — Wolfe.
28. — Compton.
29. — Sherbroke.
30. — Stanstead.
31. — Verchères.
32. — Chambly.
33. — Saint-Jean.
34. — Napierville.
35. — Richelieu.
36. — Saint-Hyacinthe.
37. — Rouville.
38. — Iberville.
39. — Bagot.
40. — Shefford.
41. — Missiscoui.
42. — Berthier.
43. — Assomption.
44. — Joliette.
45. — Montcalm.
46. — Montréal.
47. — Laval.
48. — Terrebonne.
49. — Deux-Montagnes.
50. — Lapraierie.
51. — Chateauguai.
52. — Argenteuil.
53. — Vaudreuil.
54. — Outaouais.
55. — Ponthiac.
56. — Prescot.

57. Comté de Russel.
58. — Carleton.
59. — Renfrew.
60. — Lanark.
61. — Beauharnais.
62. — Huntingdon.
63. — Soulanges.
64. — Glengarry.
65. — Stormont.
66. — Dundas.
67. — Grenville.
68. — Leeds.
69. — Trontenac.
70. — Lennox.
71. — Addington.
72. — Prince-Edouard.
73. — Hastings.
74. — Northumberland.
75. — Durham.
76. — Peterborough.
77. — Victoria.
78. — Ontario.
79. — York.
80. — Peel.
81. — Simcoe.
82. — Halton.
83. — Wentworth.
84. — Brand.
85. — Wellington.
86. — Waterloo.
87. — Perth.
88. — Lincoln.

89. Comté de Welland.	95. Comté de Kent.
90. — Haldimand.	96. — Essex.
91. — Norfolk.	97. — Lambton.
92. — Elgin.	98. — Huron.
93. — Midlesex.	99. — Bruce.
94. — Oxford.	100. — Grey.

ESQUISSE

SUR

LE CANADA

CONSIDÉRÉ

SOUS LE POINT DE VUE ÉCONOMISTE

ENVOI

Cette esquisse a pour objet de réunir dans le plus court espace possible les renseignements les plus utiles sur la condition passée et l'état actuel du Canada, d'où le lecteur pourra déduire l'avenir probable de cette belle colonie.

Il ne manque pas d'ouvrages sur l'histoire, le commerce, l'état social et politique du Canada ; mais toutes ces publications sont ou volumineuses ou spécialement affectées à faire connaître un sujet en particulier ; un grand nombre sont si chargées de chiffres que la lecture en devient impossible pour tout autre que pour celui qui veut faire une étude approfondie des statistiques générales du pays.

On s'est efforcé dans cet opuscule de condenser tout ce qui peut intéresser le public, et dans une forme qui puisse convenir à tous les lecteurs.

C'est une chose difficile que de dire beaucoup en peu de mots ; ce serait une chose impossible que de dire tout ce qu'il y a d'intéressant sur le Canada, même dans un ouvrage dix fois plus grand que celui-ci. Imbu de cette idée, l'auteur s'est donc simplement occupé de peindre à grands traits les caractères principaux de son pays, et s'est efforcé d'être exact avant tout.

Le lecteur n'oubliera pas que ce petit volume est fait pour tout le monde : ainsi l'homme de lettres n'y trouvera guère de littérature, le touriste peu de pittoresque, le savant à peine de science, l'économiste pas assez de chiffres peut-être ; mais si tous peuvent y puiser des renseignements qu'ils n'ont pas, et si beaucoup de gens en Europe peuvent s'y convaincre que le Canada n'est pas, comme on l'a souvent représenté, le domicile obligé des frimas et des glaces, alors ce livre aura touché le but, et quelque chose aura été fait dans la vue d'indiquer au trop-plein de la population européenne un pays où l'émigrant peut trouver une nouvelle patrie, un champ libre et vaste à son industrie, sous la protection d'institutions libres et sages, qui permettent au culte de toutes les affections et de tous les souvenirs de s'exercer en paix.

I.

PRÉLIMINAIRES.

Importance du Canada. — Bornes, étendue et position du pays. — Portion habitée. — Eaux navigables. — Marées dans le fleuve Saint-Laurent. — Richesses naturelles. — Progrès depuis 1760. — Division et but de ce livre.

Le Canada a bien changé depuis l'époque où l'on se consolait de la perte de cet immense territoire pour la France, en disant : « Après tout, que nous font quelques arpents de neige au Canada ! » Jusqu'à l'année 1855, que ces quelques arpents de neige sont devenus un pays de près de 40,000 lieues en superficie, peuplé par 2,000,000 d'habitants ; dont le sol fertile produit pour au delà de 500,000,000 de francs de valeur annuelle, indépendamment de l'exploitation des forêts et des richesses que contiennent les eaux du golfe, aux pêcheries sans rivales ; dont l'industrie occupe une flotte océanique du port de plus d'un million de tonneaux, et une flottille intérieure de plus de deux cent mille ; ayant un gouvernement quasi indépendant, avec un revenu de 25,000,000 de francs, et des institutions d'éducation et de bienfaisance dignes des contrées les mieux favorisées.

Le Canada, borné au nord et à l'ouest par les vastes possessions britanniques connues sous les noms de Postes-du-Roi, ou de territoire de la compagnie de la baie d'Hudson ; à l'est et au sud par le golfe Saint-Laurent, la province du Nouveau-Brunswick et les États-Unis, affecte la forme générale d'un carré long ayant une direction dans le sens de sa longueur du nord-est vers le sud-ouest.

La longueur totale du Canada est, en chiffres ronds, de 400 lieues de France, et sa largeur d'environ 100 lieues ; les bornes du pays touchent, dans le sens de sa longueur, au 60me et au 84me degré de longitude ouest du méridien de Greenwich, et aux 42me et 52me degrés de latitude nord. Ici comme ailleurs les bandes isothermes ne suivent pas les lignes des degrés de latitude ; et, à part la partie de la péninsule de l'ouest, qui se trouve immédiatement voisine du lac Érié, à l'extrémité du Haut Canada, qui est la portion la plus chaude de tout le pays, et la côte du Labrador, l'extrémité nord du Bas Canada, qui en est de beaucoup la plus froide, les quelques différences qui existent dans le cli mat n'ont d'effet que sur la production de certains fruits délicats, et nulle influence sur les produits ordinaires de l'agriculture.

La portion habitée de cette vaste étendue ne couvre qu'une superficie d'à peu près 4,000 lieues carrées, le reste est la propriété de la province, et se trouve dans son état primitif, comme forêts, pour la production des bois de construction dont une quantité immense est chaque année embarquée pour les marchés d'Europe et même d'Amérique.

Il n'est nulle part un pays arrosé par de plus belles et de plus grandes rivières que le Canada, que traverse le fleuve Saint-Laurent dans toute l'étendue de son cours : le fleuve Saint-Laurent, navigable pour les plus grands vaisseaux jusqu'à Québec, distance de 150 lieues de son embouchure, navigable pour les navires de 600 tonneaux de port jusqu'à Montréal, soixante autres lieues, et que sillonnent partout des vapeurs des plus grandes dimensions et des bâtiments à voiles de 2 à 300 tonneaux. Le flux de la mer se fait sentir jusqu'à Trois-Rivières à trente lieues au-dessus de Québec : dans le port de Québec, les marées s'élèvent à un maximum de vingt pieds, et ont une moyenne élévation de douze pieds, car de ce port vers le golfe le grand fleuve affecte toutes les allures de la mer.

Les productions naturelles qu'offre le Canada sont aussi variées que son sol couvre d'espace ; les bois des espèces les plus utiles s'y trouvent en abondance d'une extrémité à l'autre du pays ; les minéraux, jusqu'à l'or, n'y manquent pas, surtout le fer et le cuivre ; les forêts sont peuplées des animaux aux plus belles fourrures, et le golfe Saint-Laurent offre le plus précieux endroit de pêche qui soit au monde. Le sol est presque partout d'une fertilité proverbiale ; et les explorations qui se font tous les jours prouvent que le terrain est bon, même dans des endroits où on l'avait toujours cru d'une qualité inférieure.

Favorisé d'une manière si spéciale par la Providence, le Canada a marché d'un pas ferme et rapide dans la voie de tous les progrès ; sa population, qui n'était que de soixante et quelques mille âmes en **1760**, a, dans moins d'un siècle, augmenté dans la proportion de plus de trente pour un. Une portion relativement considérable de son sol a été ouverte à la culture; des voies de communication, qui sont, sous certains rapports, sans égales dans le monde, ont été données au commerce; l'éducation a progressé dans la même proportion que l'agriculture et l'industrie. Comme conséquence naturelle, les institutions politiques et civiles se sont améliorées dans le sens d'une liberté bien entendue. Certes le Canada, comme tous les pays, a ses misères; comme partout ailleurs, tout n'y est pas parfait et le petit peuple qui l'habite a de temps à autre ses jours d'épreuves; mais à prendre les choses de la terre pour ce qu'elles sont et les hommes pour ce qu'on les voit être partout, comparativement, il est peu de pays où il fait meilleur à vivre qu'au Canada, sur quelque point de son territoire qu'on attache ses regards.

Pour ne pas embarrasser le lecteur d'une foule de détails appartenant à des sujets différents, et permettre à chacun de s'occuper de celui qui l'intéresse le plus directement, l'auteur a séparé cet essai en plusieurs chapitres qui, sous un titre spécial, contiennent les renseignements se rapportant à un caractère particulier du pays. Comme d'abord il convient de donner avant tout quelques notions géographiques, le chapitre qui suit immédiatement a pour but de rendre le lecteur familier avec ces divisions territoriales dont la connaissance est nécessaire à l'entente de l'histoire et de toutes les autres données qui font le sujet de ce livre. Puis viennent successivement quelques lignes rapides sur l'histoire du Canada, la description succincte de la configuration géologique de la contrée en tant que se rapportant à l'industrie, quelques renseignements sur le climat et la météorologie, sur les productions naturelles et le parti qu'on en tire. Le commerce et les statistiques générales, avec et ensemble la description de nos voies de transport et des améliorations faites en ce genre, ne sont pas oubliés dans ce tableau. Un chapitre spécial est aussi consacré à donner au lecteur une idée claire et correcte de notre organisation sociale et politique.

Les difficultés de réunir dans un cadre aussi étroit tant de choses si importantes sont bien connues de l'auteur; mais il le faut, c'est le seul moyen de populariser les enseignements, le seul moyen de s'adresser à toutes les classes de la société. Cet essai n'est pas une œuvre littéraire, le lecteur instruit s'en apercevra bien ; mais c'est un écrit *d'actualité* pratique, ou si ce n'est pas cela, ce n'est alors rien du tout.

Il s'agit de faire connaître le Canada à tout le monde ; pour cela il faut un livre que tout le monde puisse lire : l'homme instruit, sans trop s'ennuyer ; l'homme peu instruit, sans se décourager à le comprendre ; un livre que vous preniez avec vous dans la poche de votre redingote ou dans le secrétaire de votre malle pour le lire sur un bateau à vapeur, dans un char de chemin de fer, quand le tracas des affaires vous en laisse le temps ; mais aussi un livre que l'homme du peuple puisse emporter chez lui pour lire à tête reposée, après les heures de travail.

L'auteur s'est efforcé d'être clair et précis, mais surtout vrai. Tous les renseignements donnés en chiffres dans les divers chapitres sont mis en nombres ronds ; mais si près de l'exactitude fractionnaire qu'à la fin de cette année 1855 ils seront dépassés en réalité : les chiffres inscrits dans le chapitre des statistiques sont les nombres exacts, extraits des documents officiels recueillis et publiés.

Une petite carte du Canada se trouve à la fin du volume : cette carte, peu chargée de détails, n'a pour but que de donner au lecteur une idée d'ensemble sur la configuration topographique du pays, et désigner les principales grandes divisions territoriales.

II

RENSEIGNEMENTS GÉOGRAPHIQUES.

Bien que le Canada ne forme aujourd'hui
qu'une seule province, il se divise néanmoins en
deux sections bien distinctes l'une de l'autre, le
Haut et le Bas Canada, ou le Canada ouest et
le Canada est. Ce dernier s'étendant du golfe à
la Rivière aux Outaouais au nord et jusqu'au
point où le quarante-cinquième degré de latitude touche le fleuve Saint-Laurent sur la rive-
sud ; cette section possédant toute la navigation océanique de la Colonie ; l'autre, le Haut

Canada s'étendant vers l'ouest et le sud-ouest, et possédant dans son sein la navigation des grands lacs : Ontario, Erié, Huron et Supérieur.

La superficie du Bas Canada est plus considérable de beaucoup que celle du Haut Canada : mais il faut remarquer que du chiffre de la superficie du Bas Canada, qui est à peu près six fois celle du Haut, il faut défalquer environ un quart qui, situé sur la côte du Labrador et en arrière, ne sera jamais autre chose qu'un territoire de chasse et d'exploitation forestière ; à part cela tout le reste est susceptible de culture, hors ces quelques pertes de terrain qui se rencontrent dans tous les pays.

Le Bas et le Haut Canada sont aussi différents par les mœurs et les habitudes sociales de leurs habitants qu'ils le sont par leurs lois et leur position géographique. Le premier est en grande partie peuplé par des Français ou Franco-Canadiens, l'autre presque exclusivement par des habitants d'origines britanniques : l'immense majorité est catholique de religion dans le Bas Canada ; la grande majorité, dans le Haut Canada, appartient aux différentes dénominations protestantes. Les lois anglaises règnent exclusivement dans le Haut Canada, les anciennes lois civiles françaises sont le Code par excellence dans le Bas Canada.

Le territoire se subdivise en districts, comtés, divisions et unions de comtés pour les fins judiciaires et politiques; les comtés se subdivisent de nouveau en townships dans le Haut Canada, et en paroisses et townships dans le Bas. Il y a dans le premier trente arrondissements judiciaires, et sept districts dans le second; enfin il y a dans le Bas Canada cinquante-huit comtés, et dans le Haut quarante-deux; mais ces comtés ont des subdivisions électorales qu'il importe peu de donner ici, le nombre des colléges électoraux devant en outre être indiqué plus loin.

Nous allons prendre dans la méthode à suivre pour faire connaître au lecteur un peu de la géographie du pays, la marche que la nature elle-même nous indique, en remontant le cours du Saint-Laurent, qui coule au milieu de notre territoire comme l'artère principale, et en suivant la rive nord des grands lacs pour une partie du Haut Canada.

Voici donc en face de nous, au milieu du golfe Saint-Laurent, les îles de la Madeleine au nombre de sept principales. Elles font partie de la province du Canada, et tirent leur importance de ce qu'elles sont un excellent poste pour les armateurs en pêche de morue, maquereau, hareng, loups-marins et baleines. Le golfe Saint-Laurent a ici, du nord au sud, de la côte de la Nouvelle-Écosse aux côtes du Labrador, une largeur de plus de cent lieues.

A l'extrémité ouest du golfe, et à l'entrée du fleuve Saint-Laurent est située au milieu des eaux l'île d'Anticoste, longue de quarante-cinq lieues et large de douze dans sa plus grande étendue. Endroit de pêche et de chasse, cette grande île offre aussi des terres cultivables, il ne s'y trouve que cinq habitations présentement, deux phares élevés aux deux extrémités pour éclairer la navigation, deux dépôts munis de provisions en cas de naufrages, et un établissement permanent de chasse et de pêche. Au nord de l'île d'Anticoste est la côte du Labrador, côte stérile, mais dont les rivières abondent en saumon de la plus belle espèce, et dont les bords sont fréquentés par toutes les sortes de poissons de mer qu'on y prend en grande abondance aux différents postes qu'on y a formés.

Au sud d'Anticoste, à la gauche en remontant toujours le fleuve, est le district de Gaspé composé des comtés de Bonaventure et Gaspé. Ici le sol est excellent ; les habitants de cette localité s'occupent des exploitations agricoles proprement dites, de celle des bois de construction, et principalement de la pêche de la morue. Une très-petite portion de ce district est établie ; mais la population augmente avec rapidité.

La côte du nord à la droite, faisant face à la côte de Gaspé, ne présente que des établissements de pêche et de chasse. Le sol pour un certain espace, en remontant le fleuve, y est peu propre à la culture, étant accidenté et rocailleux, bien que couvert de bois de construction et d'exportation d'une excellente qualité.

Le fleuve Saint-Laurent ici a une moyenne largeur de vingt lieues ; il se rétrécit tout d'un coup à la pointe des monts sur la côte nord ; cette pointe qui s'avance considérablement au large, est surmontée d'un phare.

Les côtes de Gaspé et du Nord sont arrosées par un grand nombre de rivières poissonneuses,

2.

et sur lesquelles flottent ou peuvent flotter les bois de construction qui y abondent; il y a de même des deux côtés des havres pour les navires, parmi lesquels celui des sept îles au nord est surtout remarquable. A la limite ouest du district de Gaspé, on aperçoit à environ huit lieues dans l'intérieur la cime des monts Chicchacks ou Notre-Dame, les plus hautes montagnes du Canada ; elles ont 4,000 pieds d'élévation et font partie des Alléganies ou Apalaches.

Voici à gauche, sur la rive sud, le comté de Rimouski, puis celui de Témiscouata, dont les populations considérables sont presque exclusivement agricoles ; une certaine portion néanmoins est occupée de l'exploitation des bois d'exportation pour le marché d'Europe. Au nord est le nouveau comté de Tadoussac, qui, lui, est particulièrement occupé par des exploitateurs de bois dont le nombre est encore bien faible.

A notre gauche est le comté de Kamouraska qui, avec ceux de Témiscouata et Rimouski, forment le district de Kamouraska, compris dans cette magnifique suite d'établissements qui bordent la rive du bas Saint-Laurent, et qui est

connu et célèbre dans le pays sous le nom de
Côte du Sud.

Sur la côte nord, vis-à-vis le comté de Témiscouata, et formant la limite entre les comtés de
Tadoussac et de Saguenay, est la rivière Saguenay, ce grand tributaire du Saint-Laurent, dont
le pittoresque et le grandiose sauvage sont sans
égal, se dirige vers l'ouest-nord-ouest. De son
embouchure à Tadoussac jusqu'à la baie des
Ha-Ha dans l'intérieur, dans environ dix-huit
lieues de cours, sa moindre largeur, mais presque uniforme, est d'un mille, et sa profondeur
moyenne de cent brasses. Dans cette distance
il reçoit des rivières auxiliaires, et à part les
quelques baies situées à l'entrée de ces rivières,
ses bords sont formés de montagnes aux formes
fantastiques, hautes quelquefois de 1,500 pieds,
taillées presque perpendiculairement, et d'où
tombent parfois en cascades des filets d'eau
échappés des plateaux qui forment le sommet
de ces escarpements. De la baie des Ha-Ha
jusqu'à Chicoutimi, le Saguenay conserve à peu
près la même largeur, mais ne présente plus
qu'une profondeur d'environ 10 pieds à marée
basse, car le flux et le reflux se font sentir jus-

qu'aux rapides, distants du fleuve Saint-Laurent d'environ vingt-six lieues, et la marée s'élève dans les grands flots d'environ 10 pieds. De là le Saguenay reçoit les eaux des lacs Kinogomi, et sort du lac Saint-Jean par deux décharges qui circonscrivent une île. Le lac Saint-Jean, long de huit lieues et large d'à peu près autant, est le réservoir de fournissement du Saguenay; c'est là qu'arrivent les innombrables rivières qui, de tous les côtés, apportent leurs eaux pour l'alimenter. Les terres du haut Saguenay qui forment le comté de Chicoutimi se colonisent promptement depuis peu d'années. Environ soixante navires d'outre-mer, et un grand nombre de goëlettes, montent tous les ans le Saguenay pour en emporter les bois qu'on y exploite pour les marchés intérieurs et extérieurs.

Une tribu sauvage, les Montagnais, la plus nombreuse du Canada maintenant, habite l'intérieur des comtés de Tadoussac et de Chicoutimi, et fournit à l'exportation une quantité considérable des plus précieuses fourrures.

Reprenant le fleuve sur la côte nord en haut de l'embouchure du Saguenay, nous avons les comtés de Saguenay et de Montmorenci, et sur la rive sud ceux de l'Islet, Montmagny et Bellechasse.

Le fleuve Saint-Laurent, qui de la pointe des monts à Kamouraska présentait une largeur variant de douze à six lieues, n'a plus ici qu'environ quatre lieues d'une rive à l'autre, et ses eaux deviennent graduellement douces de salées qu'elles étaient. Vis-à-vis des comtés en dernier lieu nommés et en faisant partie, se voit au milieu du fleuve une suite d'îles délicieuses et d'un aspect ravissant, les îles aux Coudres, aux Oies, aux Grues, Grosse-Ile, Madame, et enfin, en approchant de Québec, l'île d'Orléans la Belle, longue de sept lieues, contenant cinq paroisses qui font partie du comté de Montmorenci.

Après avoir passé l'île d'Orléans, nous entrons dans la rade de Québec, au fond de laquelle est la capitale actuelle du Canada, placée là où Champlain en a jeté les premières fondations, avec son port capable de contenir plusieurs milliers de navires, ses quais jetés à cinquante pieds dans l'eau, et sa citadelle, une des premières du monde. Québec est construit partie à niveau de l'eau, et partie sur le promontoire appelé cap Diamant, entouré des eaux du fleuve d'un côté, et de celles de la jolie rivière Saint-Charles de l'autre, et au milieu des sites les plus enchanteurs de toute l'Amérique.

Le lecteur trouvera dans un autre chapitre les statistiques relatives aux différentes villes et divisions territoriales du Canada, qui toutes marchent rapidement dans la voie des progrès en tout genre.

A droite, au nord de Québec, est le comté de Québec; à gauche, sur la rive sud du fleuve, les comtés de Lévis, Dorchester et Beauce, les deux derniers dans l'intérieur. Le fleuve en haut de Québec se trouve bien rétréci dans son cours, variant en largeur d'un mille à quatre, sa profondeur aussi diminue, et, à quelques lieues d'ici, il n'offre plus que 14 pieds d'eau sur les bancs.

En laissant le comté de Québec, vous avez sur la droite le comté de Portneuf, et à gauche, sur la rive sud, le comté de Lotbinière, et dans l'intérieur, en arrière de Lotbinière, le comté de Mégantic : ces trois comtés, avec la ville de Québec et les comtés de Québec, Montmorenci, Saguenay, Chicoutimi, Tadoussac, Beauce, Dorchester, Lévi, Bellechasse, Montmagny et l'Ilet, forment le district judiciaire de

Québec, le troisième, par sa position géographique, en remontant le cours du fleuve.

Sur la rive sud du Saint-Laurent se présentent les comtés de Nicolet, Yamaska, en arrière dans l'intérieur ceux de Drummond et Artabaska, et sur la rive nord les comtés de Champlain, Saint-Maurice et Maskinongé, qui, avec la ville des Trois-Rivières, située entre les comtés de Saint-Maurice et Champlain, à l'embouchure de la grande rivière Saint-Maurice, forment le district dit des Trois- Rivières.

La rivière Saint-Maurice, dont le cours a plus de trois cents milles et qui reçoit les eaux de lacs nombreux, a une importance considérable pour la quantité de bois de toutes sortes qu'on y trouve, par la bonté des terres qui la bordent, et par la présence dans son voisinage de mines de fer d'une excellente qualité. La ville des Trois-Rivières est le centre de tout le commerce qui se fait sur le Saint-Maurice.

Dans l'intérieur, vers le sud, en arrière et voisin du district des Trois-Rivières, est le district de Saint-François, composé de la petite ville de Sherbrooke et des comtés de Wolfe, Compton, Sherbrook et Stanstead, dont la population, peu considérable aujourd'hui, est une de celles qui augmentent avec le plus de rapidité.

Nous avons, en suivant le fleuve, traversé une partie du lac Saint-Pierre, expansion du Saint-Laurent, qui a une longueur d'à peu près neuf lieues sur trois de largeur, dont l'extrémité supérieure est parsemée d'îles, et qui reçoit, pour le compte du grand fleuve, les eaux de la rivière Saint-François, qui donne son nom au district dont on vient de parler, qu'elle traverse, et celles de la magnifique rivière Richelieu, décharge du lac Champlain. Le lac Champlain se trouve presque en entier situé sur le territoire des États-Unis, mais le Richelieu appartient au Canada dans tout son cours.

Les bords du Richelieu sont la partie la plus riche de tout le district de Montréal, dans lequel nous entrons. En remontant le cours de cette rivière, vous avez à droite les comtés de Verchères, Chambly, Saint-Jean et Napierville ; et à gauche ceux de Richelieu, Saint-Hyacinthe, Rouville, d'Iberville, bornés sur la rivière ; et dans l'intérieur ceux de Bagot, Shefford et Missiscoui. Dans le comté de Saint-Hyacinthe est la petite ville si florissante de Saint-Hyacinthe.

Reprenant le fleuve Saint-Laurent de l'embouchure du Richelieu, en remontant toujours ce fleuve, que l'on remonte longtemps avant d'en voir le bout, nous avons sur la rive sud, encore les comtés de Verchères et Chambly ; à droite, au côté nord, les comtés de Berthier et de l'Assomption, sur le fleuve, et en arrière ceux de Joliet et Montcalm.

Nous voici arrivés à l'île de Montréal, qui produit entre mille autres excellentes choses les meilleures pommes du continent américain. Cette île, longue de dix lieues et large de trois environ, forme le comté du même nom et contient dix paroisses et la belle ville de Montréal, la plus populeuse de tout le Canada, et aussi la mieux construite, qui, en somme, n'en cède sous ce dernier rapport à aucune ville du nouveau monde. Montréal est le grand entrepôt de la navigation intérieure, et le principal centre de commerce avec les États-Unis.

Au nord de l'île de Montréal est l'île Jésus, séparée par la rivière des Prairies, longue d'à peu près huit lieues, contenant quatre paroisses qui, avec les îles adjacentes, forment le comté de Laval. L'île Jésus est séparée de la côte du nord par une branche de l'Outaouais, qui a pris le nom de rivière du nord, sur les bords de laquelle vous avez à terre-ferme les comtés de Terrebonne et des deux Montagnes. Sur la rive sud du Saint-Laurent, vis-à-vis l'île de Montréal, sont situés les comtés de Laprairie et Chateauguai.

Au bout de l'île de Montréal, à la jonction des eaux noires de la rivière Outaouais, ou la grande rivière, avec les eaux plus claires du Saint-Laurent, les deux fleuves font chacun une expansion, qui prennent les noms, pour le Saint-Laurent, de lac Saint-Louis, et pour l'Outaouais, de lac des deux montagnes; ces deux lacs sont séparés l'un de l'autre par l'île Perrot et le bout de l'île de Montréal. L'entrée dans le lac Saint-Louis se fait par le rapide de Cauchnauouaga ou Saut Saint-Louis, dont la descente en bateau à vapeur, qui s'opère maintenant sans danger, a de quoi satisfaire ceux qui aiment les fortes émotions.

Prenons un peu vers l'ouest cette grande rivière des Outaouais qui va à plus de cent lieues de son embouchure prendre ses eaux dans le lac ou plutôt les lacs Temiscamingues.

Sur la rive nord, vous avez le comté d'Argenteuil, et à gauche, au sud, le comté de Vaudreuil. De ce point la rivière des Outaouais forme la limite entre le Haut et le Bas Canada ; en remontant, vous avez sur la rive bas-canadienne à droite, les comtés d'Outaouais et de Pontiac qui forment le nouveau district de l'Outaouais. Sur la rive haut-canadienne sont les comtés de Prescot, Russel, Carleton et Renfrew avec Lanark en arrière.

La rivière Outaouais à elle seule fournit une grande proportion de tout le commerce de bois de la province. Ses principaux affluents sont la rivière au Lièvre, le Gatineau, les Rideaux et du Moine. A environ vingt-cinq lieues de l'embouchure de l'Outaouais, au pied de la chute des Chaudières, sur la rive haut-canadienne, est la ville de Bytown, maintenant cité de l'Outaouais. Bytown est magnifiquement situé sur une hauteur qui couronne en amphithéâtre une baie qui lui sert de port. Quoique construite sur la rive ouest, cette ville est un entrepôt commun au commerce des deux bords de la grande Rivière ; sa population est moitié française et moitié auglaise ; un beau pont suspendu en fer traverse l'Outaouais en cet endroit. Ce tributaire du Saint-Laurent présente une suite de magnifiques points de vue depuis son embouchure jusqu'à sa source ; bien que navigable en grande partie, le cours de cette belle rivière est interrompu par des rapides dont les principaux sont ceux de Carillon, des Chaudières, des Chats, des Alumettes ; la navigation des grands bateaux à vapeur se fait par étapes sur l'Outaouais : mais les petits vapeurs et bateaux et les trains de bois font le voyage direct, ceux-là au moyen d'un système de canalisation, ceux-ci en descendant les rapides, ou les évitant en passant par des glissoires construites à cet effet.

Revenons au Saint-Laurent. A gauche vous avez les comtés de Beauharnais et de Huntington, et à droite le comté de Soulanges qui terminent le Bas Canada sur le fleuve, et sont les derniers du district de Montréal. Ce district, qui est un des moins étendus du Bas Canada, en est néanmoins de beaucoup le plus peuplé, et par conséquent jusqu'à présent le plus riche.

A la sortie du lac Saint-Louis, vers l'ouest, se rencontrent, sur le Saint-Laurent, les rapides des Cascades et des Cèdres, au delà desquels le fleuve s'élargit encore d'à peu près quatre milles pour former le lac Saint-François. De l'extrémité de ce lac à Saint-Régis au 45° de latitude, le Canada n'occupe plus que la rive nord du Saint-Laurent et des grands lacs, la rive sud appartient aux États-Unis : mais les eaux sont communes aux deux pays.

Suivons toujours. Voici le comté de Glengary, le premier du Haut Canada sur le Saint-Laurent, en grande partie peuplé par des montagnards écossais. De ce point le lecteur verra bien qu'on a laissé le Canada français, les noms changent; les émigrants des Iles Britanniques, eux aussi, ont le culte des souvenirs; les noms des comtés, des districts, sont des noms des localités de la vieille Angleterre, de l'Irlande, de l'Écosse, ou bien des noms d'hommes qui ont illustré l'empire britannique, ou figuré dans l'histoire du Canada depuis la conquête. Un seul nom de comté reste français, celui de Frontenac. Comme dans le Bas Canada, on a conservé à des rivières et à des townships leurs noms sauvages primitifs. Après Glengary, viennent les comtés de Stormont et de Dundas, qui formaient autrefois le Eastern-district. Dans le comté de Stormont est la petite ville de Cornwall au pied du rapide appelé le Long Saut.

Nous passons le rapide des *Gallops*. Voici les comtés de Grenville et Leeds, où se trouve la jolie ville de Brockville, si coquettement perchée sur la berge.

Nous entrons dans les mille îles, l'un des endroits les plus pittoresques de notre beau fleuve. Le nom dit assez qu'une myriade d'îles gisent là jetées pêle-mêle, formant un labyrinthe inextricable; il y en a de toutes les grandeurs, depuis celle d'un canot d'écorce : les unes offrent un rocher nu, les autres sont couvertes de verdure; les unes sont à fleur d'eau, les autres présentent des bords élevés et taillés à pic, nulle ne ressemble à une autre, mais toutes ont une beauté qui leur est propre.

Nous atteignons le lac Ontario, long de plus de soixante lieues, large de seize, ayant une profondeur de cent brasses, élevé au-dessus du niveau de l'Océan de 235 pieds.

Voici Kingston, la seconde place forte du Canada, et la troisième ville en importance, dans le Haut Canada, avoisinée par les comtés de Frontenac, Lennox et Addington.

La rive nord du lac Ontario présente successivement le comté de Prince-Édouard, sur une presqu'île que circonscrivent le lac et la baie de Quinté. Au fond de la baie de Quinté se trouve le comté de Hastings avec la ville de Belleville. Ces deux comtés sont principalement peuplés par les descendants des colons de la Nouvelle-Angleterre qui refusèrent de joindre la révolution américaine, et auxquels leur affection pour l'empire britannique fit donner le nom de *United empire loyalists*, c'est-à-dire *les loyaux du Royaume-Uni*. C'est dans la baie de Quinté que se jette la rivière Trent, importante par le commerce des bois et la culture de ses bords.

Viennent ensuite, sur la rive du lac, les comtés de Northumberland, Durham, et les petites villes de Cobourg et Porthope. En arrière et dans l'intérieur sont les comtés de Peterborough et Victoria, avec la petite ville de Peterborough. Dans ce voisinage, le sol est coupé de lacs sur lesquels la vapeur commence à faire entendre ses sifflements. Puis viennent les comtés riverains de Ontario, York et Peel, qui rayonnent autour de la ville de Toronto.—Toronto est la première cité du Haut Canada, et la troisième du Canada uni ;

elle est avantageusement située au fond d'une baie qui lui sert de port. Cette ville est construite à la façon des villes modernes d'Amérique, avec des rues à angles droits et très-larges ; elle est le centre d'un grand commerce.

En arrière est le lac Simcoe, long d'environ dix lieues, et large de cinq, qui se décharge dans le lac Huron par la rivière Severn. Il donne son nom au comté de Simcoe qui entoure une partie de ses eaux, qui sont à peu près les plus élevées du pays, étant 704 pieds au-dessus de l'Océan.

A l'extrémité supérieure du lac Ontario sont les comtés de Halton et de Wenthworth, la cité d'Hamilton et le comté de Brand. Hamilton est située au fond de la baie de Burlington, à la tête de la navigation du lac Ontario, dans un site à la fois pittoresque et commercial : cette ville, comme la ville de Brandfort, placée dans le voisinage, augmente avec une rapidité étonnante. Hamilton est la seconde cité du Haut Canada en importance et en population.

Dans l'intérieur, à l'ouest, sont les comtés de Wellington, Waterloo et Perth. Il y a dans cette partie un établissement considérable formé par des Allemands, dont le chef-lieu principal est la petite ville de Berlin, au milieu de ce que ces colons ont nommé la Petite Germanie.

De la baie de Burlington, la rive sud de l'Ontario appartient au Canada jusqu'à la rivière Niagara, qui fait la limite de la province à l'est dans cet endroit ; c'est là qu'est le comté de Lincoln et la petite ville de Niagara à l'embouchure de cette rivière. La rivière Niagara, qui unit les lacs Ontario et Érié, n'est à proprement parler que la continuation du Saint-Laurent, c'est vers le milieu de son cours que se trouve la chute de Niagara, dont tout le monde a entendu parler ; il est heureux de n'avoir pas à décrire ici cette merveille de la nature, car, au fait, comment décrire la chute de Niagara ?

En entrant dans le lac Érié, les premiers comtés qui se présentent sont ceux de Welland et Haldimand.

Le lac Érié est long d'à peu près quatre-vingts lieues, sur une largeur de dix-huit environ ; sa profondeur est de dix-huit brasses seulement, et son élévation au-dessus du niveau de la mer de 564 pieds.

Le comté de Norfolk qui suit, constituait autrefois le district de Talbot, du nom du colonel

Talbot, premier habitant de ce comté, et bien connu dans le Haut Canada par ses succès comme colonisateur. Viennent ensuite les comtés de Elgin et Middlesex avec la ville progressive de London pour chef-lieu.

Dans l'intérieur est le comté d'Oxford, puis sur la rive, les comtés de Kent, Essex et Lamb-ton, sur la rivière Détroit; et à la tête de la navigation de la rivière Tranche ou Tamise se trouve la petite ville florissante de Chatham.

La rivière Détroit est la réunion des lacs Érié et Huron; comme le Niagara, elle n'est qu'une portion du Saint-Laurent, vers son milieu elle s'élargit pour former le lac Sainte-Claire, long de huit lieues et large d'autant.

Une fois entré dans le lac Huron, nous avons en longeant la rive est du lac, les comtés de Huron, Bruce et Grey, les derniers du Haut Canada.

Le lac Huron a une longueur de quatre-vingts lieues sur une largeur moyenne de trente lieues. Il est de forme très-irrégulière. Sa profondeur est de soixante-quinze brasses, et son élévation au-dessus de l'Océan est de 595 pieds.

Ici se terminent les établissements canadiens,

à part quelques postes de pêche sur les lacs Huron et Supérienr, et quelques faibles noyaux de population formés dans les endroits où se font des exploitations de bois et de mines de cuivre. Je ne parle pas des quelques restes épars et nomades des tribues sauvages qui habitent l'extrémité du Haut Canada ; toutes ces nations disparaissent à l'exception de celle des Montagnais, dans le Bas Canada, territoire du Saguenay, dont il a été dit un mot, que des mœurs douces et pures, maintenues par les missionnaires, défendent des vices et de la misère qui détruisent leurs frères.

III

UN MOT SUR LES PRINCIPALES ÉPOQUES
DE L'HISTOIRE DU CANADA.

Découverte du Canada par Jacques Cartier. — De Roberval. — Champlain fonde Québec. — Prise de Québec par les Anglais. — Canada repris par la France. — Montréal fondé. — Colbert forme le projet de coloniser la Nouvelle-France. — Constitution civile de la colonie. — Administration ecclésiastique. — Éducation. — Guerre entre les colonies. — Héroïsme des colons. — Siége de Québec. — De Frontenac, d'Iberville. — Position de la Nouvelle-France en 1721. — Québec en 1755. — Succès et revers. — Défaite de Montcalm.— Victoire de De Lévis. — Capitulation et traité de cession de 1761. — Luttes entre les colons français et les émigrés anglais. — Constitution civile de 1774. — Guerre de l'indépendance américaine. — Constitution de 1791. — Guerre de 1812. — Prise d'armes en 1837. — Constitution actuelle.

Le lecteur ne doit s'attendre, dans ce court chapitre, qu'à quelques renseignements rapides sur les principales phases qui ont signalé la vie politique de cette importante contrée.

Ce fut en 1534 que le Canada fut découvert par Jacques Cartier, qui y fit trois voyages successifs, passa l'hiver à Québec et explora le fleuve du Golfe jusqu'à Montréal. Québec et

Montréal étaient alors, comme à présent, les centres principaux de population et d'importance aborigènes ; la première s'appelait Stadaconé et l'autre Hochelaga.

Le premier gouverneur du Canada, M. de Roberval périt avec tout son monde dans un second voyage, et cet affreux malheur ne contribua pas peu à retarder les progrès de la nouvelle colonie.

De 1534 à 1608, époque de la fondation de Québec par M. de Champlain, alors gouverneur du Canada, l'histoire ne fait mention que de la formation de compagnies en France et de voyages, découvertes et guerres avec les sauvages en Amérique. En conséquence de l'embarras des affaires politiques en Europe, le soin de coloniser le Canada fut presque exclusivement abandonné à des particuliers, qui s'occupèrent beaucoup plus de faire la traite profitable des fourrures avec les sauvages, que de fonder une colonie agricole. Mais de l'époque de la fondation de Québec et grâce aux travaux de M. de Champlain, on pensa à former des établissements et à amener par la guerre ou les traités les nations sauvages à l'alliance française. En 1629, les progrès de la colonie se trouvaient de nouveau suspendus par la prise de Québec par l'amiral anglais Kirtk; mais le Canada fut rendu à la France en 1632.

Montréal fut fondée en 1641, et mis en état de résister aux invasions des nations iroquoises, toujours prêtes à se ruer sur les Français et sur les tribus aborigènes entrées dans leur alliance.

La vieille France avait peu fait pour la nouvelle jusqu'en 1663, que, sous le ministère du grand Colbert, on commença à s'occuper d'un plan de colonisation. A cette époque, la population française du Canada ne s'élevait qu'au chiffre de deux mille habitants, distribués irrégulièrement à Tadoussac, Québec, Trois-Rivières, Montréal et quelques autres postes.

Jusque-là, l'autorité politique, civile et judiciaire avait été concentrée d'une manière absolue dans les mains du gouverneur. On donna dès lors à la colonie une organisation plus régulière et plus parfaite, en séparant les fonctions exécutives des fonctions législatives et judiciaires. La première constitution du Canada créait un conseil souverain, établissait plusieurs tribunaux avec des juridictions définies, et introduisait la coutume de Paris comme code. On établissait aussi, sous le nom d'intendant, un fonctionnaire qui était à la fois ministre de la justice, des finances, de la police et des travaux publics. La concession des terres se faisait, comme par le passé, en fiefs et seigneuries, sujettes aux conditions réglées de temps en temps par des édits royaux émanés de France. Les questions de droit féodal, en point de contentieux, étaient jugées par les ordonnances des gouverneurs et intendants.

Le gouvernement ecclésiastique du pays fut d'abord un vicariat apostolique, puis un évêché dont monseigneur de Laval fut le premier évêque. Des séminaires et des écoles furent créés par les soins des évêques de Québec. On continuait à étendre les découvertes auxquelles les missionnaires prenaient la part la plus active, et le pays fit des progrès rapides.

En 1689, la guerre éclata entre les colonies anglaises et françaises, et fut signalée par des chances balancées des deux côtés. Quand je dis que la guerre éclata entre les colonies, je veux référer à l'abandon où se trouvait la Nouvelle-France, laissée à elle-même, libre de se défendre ou de succomber. L'amiral anglais Phipps vint avec une flotte mettre le siége devant Québec, mais il fut repoussé. Grâce à l'administration du comte de Frontenac, alors gouverneur, la Nouvelle-France signala ses armes, au point qu'on résolut de prendre l'offensive sur les colonies anglaises, et on le fit avec un tel succès, que d'Iberville, le Cid canadien, après plusieurs combats toujours heureux sur terre et sur mer, s'empara de l'île de Terreneuve et de sa capitale, Saint-Jean, et réduisit les forts de la baie d'Hudson.

Enfin la paix fut conclue avec l'Angleterre en 1697 et fut accompagnée, en 1701, d'un traité de paix avec toutes les nations Indiennes du Canada. Une nouvelle guerre fut suivie d'un nouveau traité, par lequel la France cédait à l'Angleterre l'Acadie, Terre-Neuve et la Baie d'Hudson.

En 1721, la Nouvelle-France comptait une population de vingt-cinq mille âmes, possédant des défrichements couvrant une superficie de soixante-quatorze mille arpents de terre de *rendements* considérables. On y voyait plusieurs maisons d'éducation et il s'y faisait un commerce relativement important.

4.

Dans des hostilités qui eurent lieu en 1754, Washington fut défait au fort la Nécessité par M. de Villiers.

Lors de la déclaration de la guerre de 1755, l'Angleterre avait déterminé la conquête du Canada, et la France ne s'occupait guère de sa colonie, laissée à la garde de l'héroïsme de ses habitants et de quelques soldats. Le commencement de cette campagne fut favorable aux Canadiens, qui défirent Braddock à Monongahéla et prirent les forts d'Oswego et de William-Henry qu'ils rasèrent. Mais en 1758, l'Angleterre porta son armée coloniale au chiffre de cinquante mille combattants. Le général anglais Abercromby perdit la bataille de Carillon ; mais les armes anglaises furent heureuses dans les tentatives du golfe.

En 1759, le général Amherst attaqua le Canada par l'intérieur, tandis que le général Wolfe venait, avec une flotte, débarquer ses troupes à l'île d'Orléans devant Québec. Le général anglais, après avoir réussi à surprendre les hauteurs d'Abraham, livra bataille sur les plaines voisines de la ville. Cette bataille dans laquelle périrent les deux généraux Montcalm et Wolfe,

fut gagnée par les Anglais et entraîna la reddi-
tion de Québec. Ce fut en vain que le chevalier
de Lévis remporta plus tard, sur les hauteurs de
Sainte-Foi, une victoire sur ces mêmes troupes.
Le sort en était jeté, la colonie, abandonnée de
sa métropole et attaquée de tous côtés, dut céder;
et par capitulation, en 1761, la Nouvelle-France
cessa de faire partie de l'empire français et de-
vint dépendance anglaise. La capitulation garan-
tissait aux soixante-dix mille colons le libre exercice de leur religion, le fonctionnement de leurs
anciennes lois et la conservation de leurs institutions sociales, religieuses et d'éducation.

De 1761 à 1774, l'histoire de la colonie est
remplie du récit des luttes entre les anciens colons français et les nouveaux habitants d'origine
anglaise, presque toujours soutenus de l'autorité
arbitraire du temps.

Ce fut en 1774 que fut passée en Angleterre
l'espèce de constitution connue sous le nom
d'*Acte de Québec*, par lequel on créait un conseil supérieur, on rétablissait les anciennes lois
françaises, et on décrétait l'égalité devant la loi
des catholiques et des protestants, en exemptant
les officiers publics du serment, qui, jusque-là,

avait empêché les catholiques d'occuper aucune charge.

La guerre de l'indépendance américaine se fit sentir en Canada, cette colonie fut envahie : mais restée fidèle, elle résista et finit par repousser l'ennemi.

En 1791, fut octroyée la première constitution consacrant le principe de l'éligibilité et de la responsabilité au peuple. Cette constitution fut reçue avec enthousiasme en Canada. Par elle le pays était divisé en deux provinces, le Haut et le Bas Canada. Les nominations aux offices d'honneur et de profit appartenaient à la couronne ; le peuple élisait une chambre représentative, et le roi nommait les membres d'un conseil législatif : les lois avaient besoin avant de venir en force de passer par l'assentiment des trois branches du gouvernement. Il y avait un conseil exécutif formant en même temps Cour d'appel, mais dont la nomination et le maintien au pouvoir dépendaient entièrement de la couronne.

En 1812, la guerre entre les États-Unis et leur ancienne métropole donna l'occasion aux milices du Haut et du Bas Canada de montrer leur courage ; aussi furent-elles, à quelques revers près, ordinairement heureuses, et l'ennemi fut définitivement repoussé à la suite de près de trois ans de guerre.

Les luttes incessantes entre le peuple de la province et les autorités qui suivirent la guerre de près, finirent en 1837 par une prise d'armes et un soulèvement partiel dans les deux provinces. L'insurrection dut céder, et pendant quelque temps le bas Canada fut gouverné par la loi martiale, puis par les décisions d'un conseil spécial.

Ce fut en 1840 que la constitution qui régit aujourd'hui le pays en une seule province fut octroyée par la Grande-Bretagne : cette constitution sera décrite plus loin au chapitre des Institutions politiques et sociales.

Le gouvernement constitutionnel que possède le Canada, à l'instar de sa métropole, y est régi, comme il l'est en Angleterre, par des partis différents qui, tour à tour, prennent les rênes et conduisent les affaires, et tour à tour sont relégués dans l'opposition. Mais ce qui a surtout marqué l'histoire du Canada, depuis 1740 jusqu'à cette année 1855, ce sont les vastes travaux publics entrepris et exécutés en tout ou en partie, et dont il sera dit quelques mots ci-après.

La colonie paraît animée d'un excellent esprit public, qui, en dehors des petits intérêts de partis, sait parfaitement distinguer l'intérêt général, et s'efforce de faire comprendre aux différentes classes de la société combien le pays a été bien traité par la nature, et ce qu'il faut faire pour acheminer cette belle contrée vers l'avenir qui l'attend.

IV.

CONFIGURATION PHYSIQUE DU CANADA ET RENSEIGNEMENTS GÉOLOGIQUES ET MÉTÉOROLOGIQUES.

Surface de la contrée. — Forme et caractère des montagnes. — Limites de la vallée de Saint-Laurent. — Chaînes des Laurentides et des Apalaches ou Alléganies. — Configuration du pays. — Cours des rivières. — Niveau de la vallée du Saint-Laurent. — Rive nord et rive sud. — Caractères géologiques principaux. — Climat du pays. — Température comparée. — Hivers du Canada. — Météorologie.

Bien que la surface du Canada soit en général accidentée, il ne s'y trouve pas néanmoins de sommets beaucoup élevés, puisque ceux qui le sont le plus n'atteignent pas cinq mille pieds d'élévation, encore est-ce un cas isolé. Nos montagnes n'affectent en aucun endroit la forme de pics ou d'aiguilles, leurs sommets arrondis sont toujours couverts, jusqu'à la cime, de bois de hautes futaies; et quand le roc apparaît à nu et taillé, à la façon d'un mur, sur les bords des rivières, le couronnement prend toujours la forme d'un plateau sur lequel croissent de grands arbres.

Deux chaînes de montagnes, dont l'ensemble s'appelle la *hauteur des terres*, et qui ont une direction générale du nord-est vers le sud-ouest, circonscrivent des deux côtés la vallée du Saint-Laurent, et séparent, au nord, les eaux des affluents de ce fleuve d'avec celles qui se jettent dans la baie d'Hudson. Cette première chaîne prend le nom de Laurentides. Au sud, la hauteur des terres formée par les monts Alléganies ou Apalaches, sépare les eaux du Saint-Laurent d'avec celles qui se rendent directement à l'océan Atlantique, par les rivières Ristigouche à la baie des Chaleurs, Saint-Jean à la baie de Fundy, Penobscot, Hudson et autres. De la hauteur des terres, le sol s'abaisse vers le lit du fleuve par une descente de moins en moins rapide à mesure qu'on se dirige vers l'ouest; car la vallée du Saint-Laurent se relève tout naturellement à mesure qu'elle s'avance dans l'intérieur, mais de façon que le fond de la vallée se relève plus que ses bords, en sorte qu'arrivées vers le plateau central de l'intérieur, les rivières se croisent et s'entrelacent, celles qui vont vers l'Océan, venant prendre leurs eaux dans le voisinage immédiat des lacs, et celles qui se jettent vers ces derniers allant puiser au loin dans le sud.

La hauteur moyenne, dans le fond des ravines de la chaîne des Alléganies, dans l'intérieur du district de Gaspé, est à peu près de niveau avec l'élévation des eaux des lacs Huron et Michigan et les sommets des Apalaches, dans le voisinage du lac Érié, états de New-York et Pensylvanie, sont à peu près de la même hauteur au-dessus de l'Océan que ceux des Alléganies, dans les districts de Gaspé, Québec et l'état de Vermont; mais dans l'ouest le fond des grands lacs est de beaucoup plus élevé que le lit du golfe et du fleuve Saint-Laurent dans les districts de Gaspé et Kamouraska. Il n'y a que deux cent trente-cinq pieds de différence de niveau entre les eaux du golfe et celle du lac Ontario, sur une distance d'environ deux cent cinquante lieues, et le lit du lac Ontario a cent brasses de profondeur, et il y a trois cent vingt-neuf pieds de différence entre les niveaux des lacs Ontario et Érié à quelques lieues de distance, et le lit du lac Érié n'a que dix-huit brasses de profondeur.

Dans toute l'étendue du cours du Saint-Laurent la rive nord est plus accidentée que la rive sud. Les innombrables rivières qui arrivent au Saint-Laurent dans son long parcours ne prennent pas une course uniforme, elles y arrivent à toutes sortes d'angles, mais presque toutes viennent de l'ouest, courant à l'est sur la rive nord, et du sud courant au nord sur la rive sud, excepté vers les grands lacs où les rivières qui s'y jettent viennent de toutes les directions.

Le territoire a beaucoup plus d'étendue sur la rive nord que sur la rive sud, et les bords de la vallée du Saint-Laurent y sont plus larges; aussi est-ce de ce côté que sont situées les rivières les plus considérables et les plus vastes, et les plus belles forêts.

L'assiette sur laquelle repose le bassin de la vallée du grand fleuve participe du caractère des terrains gneïsoïdes primitifs et des terrains de transition, dont les rochers surgissent à la surface en plusieurs endroits du pays, mais surtout sur la côte nord pour le gneiss dans les deux sections de la province, et sur la côte sud pour les terrains de transition. Des différents caractères géologiques qui partagent le pays, quelques-uns sont communs avec les états voisins de l'union américaine. Tous paraissent antérieurs dans leurs éléments, et par conséquent inférieurs en gisement aux formations houillères, et même aux formations dévoniennes des terrains de transition, ces dernières ne se montrant qu'aux deux extrémités du pays. L'époque silurienne apparaît comme caractère dominant.

Les roches qui prédominent sont, en prenant la classification purement minéralogique, les roches *terrifères*, les roches *calcarifères*, les roches *argileuses* et les *agrégats*, parmi lesquelles les espèces les plus communes sont les calcaires et les grès. Le Canada est très-riche en minéraux, et le lecteur trouvera la liste des principaux au chapitre des produits naturels du pays.

Le climat du Canada est en général très-salubre, surtout vers le bas du fleuve. Aucune maladie endémique ne règne dans le pays, si ce n'est la fièvre intermittente dans quelques parties du Haut Canada, encore disparaît-elle de la plupart des localités, à mesure que les défrichements se font et que les quelques marais qui avoisinent les grands lacs se dessèchent ou se comblent dans les environs des villes.

Il y a naturellement, dans une étendue aussi vaste, des différences météorologiques dont suivent les principales : en prenant pour types le climat de Québec pour l'extrémité est de la province, le climat de Toronto pour l'extrémité ouest, et celui de Montréal pour le centre du pays. La température s'élève graduellement en allant vers l'ouest, de façon à mettre une différence de quinze jours à peu près entre le printemps de Toronto et celui de Québec, et la même différence pour le commencement de l'hiver. La température moyenne d'été est un peu plus élevée à Québec qu'à Montréal, et un peu plus à Montréal qu'à Toronto. La moyenne température d'hiver est de quelques degrés plus basse à Québec qu'à Montréal, et à Montréal qu'à Toronto. Québec est donc l'endroit des plus grandes chaleurs d'été comme des plus grands froids d'hiver ; ce qui fait qu'en somme, la moyenne température annuelle varie peu entre Québec et Toronto. On verra plus loin quel effet le climat a sur les productions des différentes parties du pays, effet, comme on l'a déjà dit, qui n'a d'empire que sur la production de certains fruits et quelques arbres et arbustes délicats.

A Québec, la température d'été s'élève assez souvent jusqu'à 35° centigrades, et est descendue, mais par de rares exceptions, aussi bas que 34°. Le maximum de chaleurs observé à Toronto pendant une période de dix années, a été de 35°, mais cette élévation y est peu commune, et la plus basse température pour la même période est tombée à 28° sous le zéro.

Une moyenne température pour la période de trois années, 1847, 1848, 1849, prise pour Toronto et Montréal, a donné comme degrés moyens : pour Toronto 7°. 50 au-dessus de zéro, pour Montréal 7°. 71, établissant une variation de 0°. 21 seulement.

Remarquons en passant, pour éviter les recherches comparatives, que M. Arago évalue la température moyenne de l'Europe à 13°. 36, et le docteur Craigie, celle de l'Angleterre à 50° Fahrenheit ou 10° centigrades, et que la moyenne température annuelle du Canada est entre les moyennes des villes de Copenhague (7°. 7) et de Berlin (8°. 1).

La différence la plus grande dans la météorologie du Haut et du Bas Canada est dans le fait suivant, que la neige couvre la terre au commencement de l'hiver pour disparaître en quelques jours au printemps, dans le Bas Canada, tandis qu'elle ne séjourne que quelques semaines sur le sol dans la plus grande partie du Haut Canada, et que son épaisseur est d'environ trois pieds dans les bois de la section est, tandis qu'elle ne s'élève qu'à quelques pouces dans la section extrême ouest habitée.

Nos hivers, que l'Européen est accoutumé à regarder comme affreux, sont pour nous la saison des plaisirs, et vous entendez souvent dire à des étrangers, durant un hiver passé au Canada: « Mais après tout c'est charmant votre hiver, et c'est qu'on n'en souffre pas du tout. »

La neige dont les étrangers s'effraient nous fait les plus beaux chemins du monde, et l'hiver est à la campagne le temps des charrois, des travaux dans les bois et des promenades, et si d'un côté ils sont un peu trop longs, d'un autre on ne saurait dire combien ils contribuent à la santé publique en chassant tous les miasmes, et combien ils ameublissent le sol et le fertilisent, et il ne faut pas non plus oublier que la végétation est ici d'une rapidité extraordinaire dans sa croissance.

L'air de nos hivers est si sec et si vivifiant, qu'on ne s'aperçoit guère, sans thermomètre, d'une variation de plusieurs dégrés, et d'ordinaire, les jours les moins agréables dans cette saison sont ceux dont la température s'élève *trop pour la saison.*

Le vice de notre climat consiste dans sa trop grande sécheresse l'été, vice qui diminue avec le défrichement du pays, et qui se fait moins sentir dans le bas Saint-Laurent, districts de Gaspé, Kamouraska et Québec, et dans les deux langues de terre qui constituent les comtés de Lincoln, Welland, Essex, Kent et Lambton en conséquence de leur situation par rapport aux grandes masses d'eau qui les entourent. Mais ces localités extrêmes de la province ont par contre de cet avantage immense, deux petits inconvénients qui leur sont propres ; pour le bas Saint-Laurent les grands vents de nord-est avec accompagnement de pluies battantes, l'automne ; et pour la section ouest, les pluies froides et la boue des chemins, congelée ou se congelant durant une partie de l'hiver.

L'automne, aux dernières saisons, est sujet à amener sur nos eaux navigables des brumes quelquefois épaisses qui sont certes une part des misères dont notre pays , tout favorisé qu'il est, n'est pas exempt.

Le Canada a peu à se plaindre des phénomènes météorologiques , tels que les ouragans dévastateurs, le tonnerre et la grêle : bien qu'il arrive des accidents produits par ces causes , ils sont si peu fréquents , et si limités dans l'espace parcouru , qu'on peut presque se flatter d'être exempt de ces malheurs sur les bords du Saint-Laurent. Les rivières bien encaissées dans leurs lits ne sont, non plus, jamais sujettes à ces débordements qui , dans certaines parties de l'ancien et du nouveau continent, causent de temps à autre de si grands malheurs.

V

PRODUCTIONS NATURELLES ET MANUFACTURÉES.

Productions du règne minéral et lieux principaux de gisements; pierres
à bâtir, matières combustibles, matières diverses, couleurs minérales, pierres précieuses, pierres vitrifiables, substances minérales
fertilisantes, métaux précieux et autres. — *Production du règne
végétal;* bois de construction et autres , plantes et fruits. — *Productions du règne animal;* animaux terrestres, oiseaux, poissons et
cétacés. — *Industrie du pays :* 1º extraction de la matière brute;
2º conversion de la matière première en articles de consommation.

Voici l'indication des principales substances
du règne minéral qui sont connues aujourd'hui
dans le pays, avec les lieux de leurs principaux
gisements; naturellement on ne parle ici que des
substances économiques en usage dans les arts.

Les granites d'une bonne qualité pour bâtir
se trouvent principalement dans cette portion
du pays qu'occupent les comtés de Mégantic,
Sherbrooke, Stanstead, Shefford et Saint-Hyacinthe; on rencontre aussi sur la rive nord, en

différents endroits du Haut et Bas Canada, le gneiss en abondance.

Les grès à construire se voient dans plusieurs endroits de la province, mais principalement à Québec et dans les environs des embouchures des rivières Niagara dans le Canada ouest, et Outaouais dans le Bas Canada.

Les pierres calcaires à moellons se rencontrent partout. La chaux de même existe sur tous les points du pays, et la chaux hydraulique spécialement sur les bords de la Grande-Rivière, comté de Brand, près du lac Huron, près Kingston et Bytown, dans le comté d'Argenteuil et à Québec.

On rencontre l'argile de différentes qualités sur toute la surface de la province. Les marbres de diverses couleurs se voient en beaucoup d'endroits, et on trouve de la serpentine particulièrement dans les districts de Québec et Saint-François sur la côte sud du fleuve.

Les matières combustibles du règne minéral sont les moins abondantes que nous ayons, néanmoins on trouve des tourbes, du naphte, du pétrole et de l'asphalte en certains endroits.

L'ardoise existe en abondance et d'une bonne

qualité dans le voisinage de la rivière Saint-François et dans le district de Québec. Il se rencontre des pierres meulières, mais d'une qualité inférieure ; les meilleures du Canada sont dans le district de Gaspé. On possède aussi, en une foule d'endroits, des pierres à aiguiser, et d'excellent tripoli a été découvert dans les comtés de Berthier et Montmorenci.

Des terres de différentes couleurs se rencontrent en quantités considérables dans plusieurs localités, par exemple du blanc de baryte le long de la côte du nord depuis le lac supérieur, de l'ocre jaune, rouge et brun en différents endroits, surtout dans les comtés de Tadoussac et Montmorenci ; aussi, sur les bords du lac Huron, une espèce d'argile ferrugineuse qui fournit une couleur d'un rouge tendre.

On trouve des pierres lithographiques qui, sans être égales aux meilleures de ce genre, peuvent néanmoins être employées avec avantage. En fait de pierres précieuses, nous avons des agates, du jaspe, des labradorites, des hyacinthes, des améthistes, du jais ; on a montré aussi quelques grains de rubis trouvés sur les bords de l'Outaouais.

Les matériaux pour la confection des verres transparents et des verres noirs sont abondants; il y a beaucoup de grès quartzeux blancs sur le lac Huron, près de l'Érié, dans les comtés de Beauharnais, Vaudreuil et Laval, et des basaltes, et autres roches analogues, sur la rive nord du lac Supérieur et dans les comtés de Montréal, Vaudreuil et Chambly.

Les talcs compactes et les pierres ollaires existent dans plusieurs endroits en abondance, mais surtout dans les comtés de Beauce et Mégantic; nous avons aussi de la plombagine. L'amiante se trouve dans les comtés de Stanstead et Kamouraska. Il y a du gypse sur les bords de la grande rivière, près Niagara et dans les îles du golfe et de l'embouchoure du Saint-Laurent; du phosphate de chaux, principalement dans le haut de l'Outaouais et probablement sur toute la côte nord gagnant l'est, et des marnes coquillières propres aux engrais dans une foule de localités.

Le pays possède aussi des terrains où se rencontrent l'uranium, le chrôme, le cobalt, le manganèse, des pyrites de fer, des dolomites et des magnésites, dont la chimie peut tirer partie.

L'or natif, dans la terre, gît en assez grande

quantité pour être exploité avec des profits considérables dans le comté de Beauce, près Québec, sur les bords de la rivière Chaudière. De faibles traces d'or en veines ont été observées dans les mines de cuivre du lac Supérieur et dans le district de Saint-François et Québec, où l'on trouve aussi l'argent natif. Il y a du nickel et du cobalt près du lac Huron et des traces ailleurs. Le cuivre se montre sur les bords des lacs Huron et Supérieur et dans le district de Saint-François. Le plomb existe sur l'Outaouais et dans le district de Gaspé. Le fer dans les différentes conditions sous lesquelles il se présente dans la nature, abonde dans beaucoup de localités du Haut et du Bas Canada, mais surtout dans le voisinage de la rivière Saint-Maurice près de la ville des Trois-Rivières. Les schistes cristallins de la côte nord sur toute l'étendue du pays contiennent des masses de minreais de fer, particulièrement de fer oxidulé.

Nous allons examiner maintenant quels sont les produits les plus ordinaires et les plus utiles de nos forêts, en mentionnant d'abord ceux qui sont communs à presque tout le pays, puis nous dirons quels sont les arbres qui manquent à cer-

tains lieux, et quels sont ceux qui sont exclusivement propres à certains autres.

Les arbres, donc, que l'on trouve presque
partout dans nos bois sont, le chêne, l'érable,
le noyer, le charme, l'orme, le merisier de deux
variétés, le frêne, le pin de trois variétés, la
pruche, les épinettes rouges, jaunes et noires, le
sapin, le cèdre, le peuplier, le tremble et le bouleau de deux variétés : tous ces arbres atteignent
des dimensions considérables et poussent partout en Canada, excepté sur la côte du Labrador
où ne croissent que le bouleau, le sapin, les épinettes (mélèzes) et une des variétés de pin. Les
arbustes communs à toute la contrée, sont les
cormiers, les saules, les aunes, les coudriers,
les cerisiers sauvages. Nos bois produisent également les groseilles, les gadelles, les fraises,
les bleuets, le genièvre, les mûres sauvages et
une foule d'autres arbres, arbustes, baies et
plantes de plusieurs espèces dont quelques-unes
servent en médecine et dans les teintures ; ces
plantes, parmi lesquelles il ne faut pas oublier le
ginseng qui a tant de renom en Chine, se voient
dans toute l'étendue de la province, depuis Gaspé
jusqu'à la rivière Détroit.

Le noyer noir, le châtaignier, le bois de fer, le carthame, et quelques plantes très-peu nombreuses, sont exclusivement propres à la péninsule de l'extrémité ouest du Haut Canada. Le chêne est plus commun et meilleur dans le Haut Canada que dans le Bas, il en est de même du frêne et de l'orme ; mais toutes les autres espèces mentionnées sont d'une qualité supérieure dans le Bas Canada.

Il est surtout un bois précieux pour la construction des vaisseaux par son incorruptibilité et sa force, et dont le prix commence à être connu sur les marchés étrangers, c'est ce que nous appelons Épinette rouge ou Tamarac ; ce bois paraît réunir le plus à la fois de toutes les qualités requises dans les bois de construction. Les plus petites des espèces d'arbres de haute futaie mentionnés plus haut, atteignent une élévation de soixante et dix pieds et un diamètre de deux pieds dans leur pleine crue. Nous avons des pins de cent cinquante pieds, et de six pieds de diamètre qui font des premiers mâts d'un seul morceau pour des navires de deux mille tonneaux. Notre noyer noir, notre érable piqué et ondé, et notre merisier rouge ondé, offrent des bois superbes à l'ébénisterie et à la marqueterie.

Le Canada a expédié à Paris, pour l'exposition universelle de 1855, des échantillons de tous les produits mentionnés ici, tels qu'on peut les trouver en abondance pour le commerce.

Naturellement tous les grains et tous les légumes potagers se cultivent et viennent bien d'un bout à l'autre du Canada ; il en est de même du tabac, du chanvre, du lin, du houblon ; les pommes, les prunes, les cerises, viennent de même, ainsi que bien d'autres fruits. Les meilleures pommes de tout le continent sont celles de Montréal, qui produit aussi les meilleures poires et les meilleurs melons, ce qui vient probablement beaucoup de la culture qu'on y donne ; les meilleures prunes et les meilleures cerises dites de France, sortent du district de Québec, où plusieurs autres fruits ne viennent bien qu'abrités par de hautes futaies contre les atteintes du vent de nord-est en automne. Les raisins réussissent passablement à Montréal ; mais les pêches ne viennent bien qu'à l'ouest de Toronto, et surtout dans le voisinage de la rivière Niagara.

Les animaux sauvages du Canada sont l'ori-

gnal (espèce d'élan), le caribou (grande renne),
le chevreuil, l'ours noir et roux, le lynx ou loup-
cervier, le chat sauvage, la marte, le vison, le
loup, le renard, le carcajou ou kinkajou, le pé-
can, nom du pays d'un animal qui se rattache
au groupe des *petits ours*, le castor, la loutre,
le rat musqué, la marmotte, le putois, la mou-
fette, le lièvre qui abonde dans le Bas Canada, et diverses espèces d'écureuils. Voici
pour ne mentionner que les espèces un peu
grandes, les animaux qui peuplent toutes nos
forêts partout, avec ces différences : que l'orignal
ne se trouve pas sur la côte du Labrador, et ne
dépasse pas généralement sur la côte nord la
rivière Saguenay à l'est, et la rivière Outaouais à
l'ouest, et ne se voit pas plus haut que la rivière
Richelieu au sud-ouest, ce qui en fait exclusivement un animal du Bas Canada, et que la mou-
fette se trouve dans l'ouest, où ne se voit pas
l'orignal. Le loup est bien rare en bas de Québec, mais les renards y sont communs et très-
grands; sur la côte nord au Labrador et dans
le territoire du Saguenay, les renards noirs et
argentés sont communs, le prix de cette fourrure
est incroyable, ayant atteint quelquefois le chiffre

6.

de 600 francs pour une seule peau de renard noir.

Nos oiseaux sont de toutes les variétés de canards, oies sauvages, plongeons d'eau salée comme de lacs, le dinde sauvage qui n'habite que dans l'ouest du Haut Canada, la perdrix qui se voit partout et en abondance, surtout dans le Bas Canada, la caille, les grues, les bécasses, bécassines, hérons, pluviers de différentes espèces, grandes et petites, les oiseaux chasseurs, aigles, éperviers, et autres, avec la tribu des chats-huants; les ortolans, la grive, les piverts, les mésanges, et grand nombre d'autres dont plusieurs au beau plumage et au mélodieux gosier; n'oublions pas dans ces deux genres notre oiseau-mouche, et le rossignol qui vient d'assez bonne heure le printemps.

Les poissons les plus communs de nos lacs et rivières, sont la truite saumonée, la truite commune, le maskinongé, le *touradi*, le poisson blanc, qui sont de très-larges espèces, le brochet, la perche, et une foule d'autres : l'éturgeon qui atteint une longueur de plusieurs pieds habite quelques endroits du fleuve. Il se pêche beaucoup de poissons dans les grands lacs de l'ouest ; mais cela n'est qu'une bagatelle, un rien, comparé à nos pêcheries du golfe et du bas Saint-Laurent, où la morue, le maquereau, le hareng, la sardine, la truite de mer, l'anguille, le saumon et plusieurs autres espèces abondent au point d'attirer beaucoup de pêcheurs des États-Unis. Il se prend chaque année dans ces parages pour des valeurs considérables de ces poissons, sans compter les profits retirés de la pêche aux marsouins, et loups marins, et de la chasse aux baleines et aux *pourcies*. Des armateurs ont fait dans cette industrie des fortunes colossales. Il n'est pas besoin de mentionner les animaux domestiques dont les différentes races européennes ont été introduites dans le pays pour croiser ou améliorer par de beaux sujets.

Certes, une petite population de 2,000,000 est bien faible, fournit bien peu de bras pour l'exploitation d'un sol fertile, et d'une aussi vaste étendue, et de toutes les richesses dont on vient d'esquisser en quelques mots le tableau ; et le lecteur peut voir qu'il y a place sous le soleil canadien pour l'application de l'intelligence, du capital et du travail, ces trois leviers de l'industrie humaine.

Jetons un rapide coup d'œil sur l'industrie du pays sous les deux chefs principaux : 1° d'extraction de la matière brute ; 2° de conversion de la matière première en objets manufacturés pour la consommation intérieure ou l'exportation. Nous ne ferons qu'indiquer les noms des choses dans ce chapitre, les chiffres statistiques devant se donner plus loin dans un article spécial : les extraits que le lecteur trouvera dans un autre chapitre des dénombrements personnels, lui feront en même temps connaître le nombre de bras qu'occupe chaque industrie.

A part de l'extraction du sol des pierres propres à la construction des édifices et monuments, on s'occupe en Canada de l'exploitation des gypses comme matières fertilisantes ; du grès quartzeux blanc comme matière première pour la confection des verres, des terres colorantes pour le badigeonnage des édifices, de l'or natif, du cuivre et surtout du fer à ses divers états. Nous n'indiquons naturellement ici et plus bas que les substances exploitées en quantités assez considérables. Le capitaliste européen ou l'industriel désireux de faire des applications opératives en Canada, pourra, en comparant l'énoncé qui vient d'être fait des produits naturels avec ce que l'auteur mentionne maintenant de ceux qui sont exploités, et en référant aux tables statistiques des occupations de la population, se faire une idée correcte des ressources dont on tire parti, et jusqu'à quel point on le fait, et de celles qu'on n'exploite pas encore, et juger par là quel genre d'industrie promet les meilleurs profits à des applications de capitaux.

Les exploitations des matières minérales dont on vient de parler, ne produisent pas assez pour la consommation du pays, et bien que la plupart de ces substances soient abondantes dans la terre, on importe l'or, le fer, le cuivre, les terres colorantes dans leur état brut.

Les bois de nos forêts, exploités pour les usages des constructions de la marqueterie et de l'ébénisterie, font le principal item de nos exportations, et sont avec les pelleteries non manufacturées et les articles en espèce de l'industrie agricole dont les produits en Canada sont les mêmes que ceux de l'Angleterre et du nord de la France, à peu près les seules matières que nous exportions à leur état brut; les autres ne formant que des quantités comparativement insignifiantes. Nos bois fournissent encore des gommes qui servent dans la confection des vernis, et dans certaines préparations officinales; telles que les gommes de sapin, d'épinette et de pin.

Les productions naturelles dont l'industrie canadienne s'empare pour les convertir en d'autres articles ou les modifier, sont désignées dans les quelques renseignements qui suivent sur nos établissements manufacturiers. Il y a en Canada, sur tous les points, des fonderies manufacturant toutes les espèces de produits qui sortent ordinairement de ces établissements, depuis les pièces des grandes machines à vapeur jusqu'aux plus petits ustensiles de ménage. La conversion des substances argileuses en briques et en objets de poterie s'opère dans un grand nombre d'établissements de ce genre. Quelques industriels fournissent aussi des quantités considérables d'ardoises d'une bonne qualité; néanmoins la production dans tous ces différents genres est loin de suffire à la consommation.

L'industrie manufacturière du Canada tire partie de nos bois dans la construction des navires, et sous ce rapport Québec est un des plus grands chantiers de construction du monde entier, et on pardonnera à l'orgueil national, qui me fait consigner ici le fait, que le navire de 1,600 tonneaux, *le Boumerang*, construit à Québec par M. Théophile Saint-Jean, est celui qui a fourni le passage le plus prompt qui se soit jamais fait d'Angleterre en Australie, ayant remporté un avantage de sept jours sur son compétiteur le plus voisin *le Marco-Polo*, tout en rendant à destination sa cargaison en parfait état, malgré les efforts de voilure. Nos manufactures de meubles, dé voitures et d'ustensiles, où le bois entre pour principale matière, nous dispensent d'avoir recours à l'étranger pour suffire à notre consommation ; parlant toujours d'une manière générale et ne mentionnant que le caractère dominant sans entrer dans ces mille détails que les statistiques seules peuvent élucider. Il faut encore ajouter aux manufactures des produits de nos forêts la potasse et la perlasse, et la transformation que font subir aux bois bruts nos immenses et nombreux moulins à scies, en confectionnant des madriers, de la planche, de la latte, etc.

Les dépouilles des animaux à fourrures et des

oiseaux sont aussi préparées de diverses maniè-
res; néanmoins les peaux exportées en nature
nous reviennent assez souvent manufacturées.

Des quantités considérables d'huiles sont con-
fectionnées avec les graisses des cétacés du golfe
et de la rivière Saint-Laurent, et on prépare
en grand le poisson séché, salé et fumé :
notre production excède la consommation en ce
genre ; bien qu'il y ait moyen de produire beaucoup plus que nous le faisons, puisque des étrangers viennent tous les ans dans nos eaux, tirer
partie de la surabondance de nos ressources.
Notons ici la manufacture du cuir de marsouin
arrivée à un point de perfection qui en fait un
produit nouveau, ainsi que le cuir de baleine,
malgré que la baleine passe pour ne pas avoir
de peau.

Les produits bruts de l'industrie agricole
occupent dans leur transformation une assez
grande somme de travail.

Nos moulins à moudre changent nos grains
en farine de plusieurs descriptions et qualités.
Nous extrayons du sucre en abondance de
la séve de nos érables. Nous préparons nos
viandes pour la consommation et l'exportation

en salaisons et en *fumaisons;* mais il serait superflu de mentionner toutes ces industries qui sont le complément de l'exploitation du cultivateur : il suffit de dire que notre population est essentiellement agricole et que, de nos nombreux produits, nous exportons comparativement peu de grains en nature.

Le Canada compte beaucoup de manufactures d'étoffes de laines et de lin, de machines de toutes sortes, d'outils, de cuirs, de papier, de caractères d'imprimerie, d'instruments de musique, et des boutiques de tous les arts et métiers. Dans ces divers genres, la confection est excellente pour tous les objets d'utilité ordinaire : en matière de goût nous le cédons naturellement de beaucoup à l'Europe, mais à l'Europe seulement.

L'auteur sent que bien des détails donnés dans ce chapitre peuvent paraître fastidieux ; mais le but de cet ouvrage lui faisait un devoir de les énoncer. Les statistiques commerciales feront connaître ce qui n'a pu trouver place ici, sur les importations et les exportations du Canada.

VI

VOIES DE COMMUNICATION.

Avant d'entrer dans l'examen de nos grandes voies de communication, disons que de bons chemins ordinaires traversent en tous sens la province, qu'il n'est pas de recoin, pour peu qu'il soit habité, quelqu'éloigné qu'il se trouve des centres de population, qui n'ait une route qui y conduise. Tous ces chemins ne sont pas de première classe, tant s'en faut, mais tous sont facilement praticables, et de fait sont parcourus par la malle-poste qui pénètre tous les jours dans les établissements formés sur les grandes routes publiques, et deux fois par semaine dans les établissements les plus reculés. Il est inutile d'ajouter que des lignes télégraphiques sont établies partout où le besoin s'en fait sentir, et qu'elles sont doublées et triplées entre les grands centres de population et d'affaires.

De l'embouchure du Saint-Laurent au fond du lac Supérieur, en suivant le cours du fleuve et la direction des lacs, il y a au delà de six cents lieues. Peu de rivières dans le monde ont un parcours aussi long, mais aucune n'est navigable pour de grands bâtiments sur une distance pareille ; le Saint-Laurent seul offre cet avantage pour des navires d'un tonnage trois fois plus considérable que celui des vaisseaux dont se servirent Colomb et Cartier pour la découverte de l'Amérique et du Canada. La nature avait rendu le Saint-Laurent navigable jusqu'à Québec pour les vaisseaux des plus grandes dimensions, et capable de porter jusqu'à Montréal des navires de mer de cinq à six cents tonneaux ; mais là un obstacle, le saut Saint-Louis, en interrompait le cours ; au-dessus de cet endroit, il était ouvert pour de grands bâtiments encore ; mais de

Montréal à Kingston quarante-un milles de rapides formaient une barrière à la navigation ; puis venait le lac Ontario ; du lac Ontario au lac Érié se présentait, dans environ neuf lieues de distance, une ascension de 330 pieds et la chute de Niagara ; de là aux lacs Huron et Michigan les grandes eaux étaient libres ; mais l'entrée du lac Supérieur était encore fermée par le saut Sainte-Marie. Eh bien, tous ces obstacles, tous ces empêchements formidables élevés par la nature ont disparu ; vous pouvez partir d'aucun port des Océans avec un navire de deux cents tonneaux, et vous rendre sans obstacle au fond du grand lac sans transbordement. Le saut Saint-Louis, près Montréal, est évité par le canal Lachine, long de trois lieues ; les rapides des Cèdres, Coteau, Long-Saut, Gallops et quelques autres, par les canaux de Beauharnais, Cornwall et Jonction, longs de onze lieues ; la chute de Niagara et les rapides qui l'accompagnent, par le canal Welland long de neuf lieues, et le saut Sainte-Marie par un autre canal, celui-ci très-court, construit par les Américains nos voisins. Les canaux Lachine, Beauharnais, Cornwall et Jonction, ont en tout vingt-sept écluses, dont les dimensions intérieures sont en dedans des portes de 200 pieds sur 45, avec 9 pieds d'eau sur les seuils. Le canal Welland a aussi vingt-sept écluses de 150 pieds sur 26 de large, et 8 1/2 pieds d'eau sur les seuils.

Le lecteur verra par là que ce n'est pas sans raison que le Canada s'enorgueillit de sa grande route, qui d'ailleurs lui coûte à peu près en somme 70,000,000 de francs.

Évidemment la route du Saint-Laurent est sans rivale. Elle est la meilleure et la plus sûre, et la plus économique pour l'émigrant, soit qu'il veuille se fixer dans une portion quelconque du Canada, soit qu'il se dirige vers les États de l'ouest de l'Union américaine, l'Ohio, le Michigan, l'Indiana, l'Illinois, l'Iowa, le Wisconsin, le Minesota : car elle se relie avec tous les chemins de fer américains qui atteignent les lacs à Buffallo, Cleveland, Sandusky, Toledo, Détroit, Chicago, Milvaukie, et avec nos propres chemins de fer. Toute cette navigation canadienne se faisant à travers les eaux fraîches d'une grande rivière et de grands lacs, est éminemment avantageuse pour la santé des voyageurs et la conservation de certains articles de commerce qui

ne peuvent impunément supporter une longue exposition à la chaleur, et dont beaucoup en effet
sont détériorés par le long trajet des eaux chau-
des, pour être peu profondes et retenues sans
cours, du canal de l'Érié dans l'État de New-York.

Avant d'aller plus loin sur cette question de la
supériorité de la voie du Saint-Laurent sur toute
autre, pour une notable portion de l'Amérique
du Nord, examinons les autres grandes routes
intérieures navigables que possède le pays :
toutes ces diverses branches d'un même tronc
s'échelonnent de chaque côté de l'artère principale. La première est au nord, le Saguenay qui
donne une navigation de près de trente lieues
pour les grands navires océaniques. La seconde est le Richelieu qui relie le Saint-Laurent
avec le lac Champlain par le moyen du canal
Chambly, creusé pour éviter les rapides du même
nom. Ce canal a près de quatre lieues, comprend dix écluses, dont les sas ont cent vingt
pieds de long sur vingt-quatre de large, et six pieds
d'eau franche. Puis vient l'Outaouais, qui, à
son embouchure, est fourni d'une écluse de cent
quatre-vingt-dix pieds sur quarante-cinq, avec
six pieds d'eau pour permettre aux grands ba-

teaux à vapeur de passer du lac Saint-Louis
dans le lac des Deux-Montagnes, ce qui lie l'Outaouais au Saint-Laurent jusqu'à Carillon ; là les
grands bâtiments font étape, et d'autres quelques milles au-dessus de Grenville, se rendent
jusqu'à cité d'Outaouais. Voici pour les grandes
embarcations ; mais l'Outaouais forme partie
d'une voie de communication entière par eau
pour une distance de plus de soixante-dix lieues
pour des bateaux à vapeur de cent trente pieds
de long sur trente-deux de large et tirant cinq
pieds d'eau : cette voie est ouverte au moyen de
l'écluse Sainte-Anne, dont nous avons parlé à
l'entrée du lac des Deux-Montagnes ; par un canal qui évite les rapides qui font interruption de
Carillon à Grenville ; puis un autre canal, celui
des Rideaux, long de quarante-deux lieues, qui
de cité d'Outaouais traverse l'intérieur du pays
en se dirigeant vers le sud-ouest jusque dans les
environs de Kingston, à l'embouchure de la rivière Cataracoui. Ce canal, formé d'un système
mixte, comprend des écluses à sas dont les dimensions viennent d'être données, et d'autres
écluses dont quelques-unes sont gigantesques,
destinées à soulever le niveau de lacs et rivières.

Cette œuvre dispendieuse du gouvernement militaire anglais, créée dans un but stratégique, sert maintenant exclusivement au commerce.

Au delà du rapide Chaudière, près cité d'Outaouais, l'Outaouais est navigable et navigué par des bateaux à vapeur de grandeur moyenne jusqu'au pied du rapide des Chats, où un chemin de fer construit par des particuliers sur un plan économique, et qu'on a appelé pour cela en badinage, *chemin de fer aborigène*, relie une autre ligne de bateaux à vapeur qui se rend au portage du Fort.

Indépendamment de ce qu'on vient de dire, l'Outaouais possède des glissoires construites tout le long de son cours pour le passage des trains de bois, afin d'éviter les rapides où jadis se perdaient quelques hommes, et beaucoup de plançons et billots dans la descente.

Il y a de ces glissoires construites aussi sur les rivières Saint-Maurice, Trent et plusieurs autres.

A l'extrémité du lac Ontario, la baie de Burlington était inaccessible, en conséquence d'une barre ou plutôt une langue de terre qui la traversait à l'entrée, il a été ouvert un chenal bordé de quais pour le soutènement et creusé de façon à admettre tous les vaisseaux qui naviguent sur le lac. Du fond de cette même baie de Burlington on a ouvert le canal Desjardins long d'à peu près une lieue, et qui n'est simplement qu'un chenal creusé au curemôle dans un marais; le but de cet ouvrage était de faire éviter au transport vers l'intérieur l'ascension et la descente d'un coteau élevé qui s'étend au loin, et dont le pied arrive dans le marais à travers lequel est fait le canal.

La Grande-Rivière qui se jette dans le lac Érié est rendue navigable pour de légers bateaux jusqu'à Brandford, à environ douze lieues de son embouchure, et mise en communication avec le canal Welland par une branche de ce canal qui prend ses eaux dans cette rivière.

La Tranche ou Tamise qui se jette dans le lac Sainte-Claire est aussi praticable pour des bâtiments de grandeurs moyennes pendant une certaine portion de son cours.

On ne parle pas ici des communications d'une moindre importance, ni de la navigation de quelques-uns de nos lacs et de nos rivières intérieures. Par exemple le lac Simcoe; la rivière

Saint-Jean, le lac Témiscouata et la Madawaska, sur la frontière du Bas Canada, qui nous mettent en communication étendue avec l'État du Maine et la province du Nouveau-Brunswick.

Un chemin de fer relie le comté de Lévis et Québec avec Montréal d'un côté, et avec les États-Unis et l'Océan de l'autre, en opérant sa jonction à Melbourne avec le chemin de Saint-Laurent et Atlantique qui de Montréal se rend à Portland sur la côte de l'État du Maine. Ces deux voies font partie d'un système général dont l'ensemble a reçu le nom de *Grand-Tronc* de chemins de fer, qui est destiné à parcourir le pays dans toute sa longueur, et dont les portions suivantes sont en progrès : celle de Trois-Pistoles, comté de Temiscouata à Québec, celle de Montréal à Toronto, et de Toronto à Sarnia. C'est en connexion avec cette ligne de chemins de fer que se construit maintenant le pont Victoria, destiné à joindre l'île de Montréal avec la rive sud du Saint-Laurent. Cet ouvrage gigantesque aura, avec ses immenses terrasses, environ une lieue de long, il formera un pont tubulaire sur le principe de celui du détroit de Menai en Angleterre ; l'élévation de ses piliers sera telle qu'elle permettra le passage des navires sous son énorme charpente en fer : ce sera le premier pont du monde entier.

Les autres chemins de fer canadiens en opération sont : celui de Lanoraie-Berthier et Rawdon, long de huit lieues, et qui traverse partie des comtés de Berthier, Joliette et Montcalm. Le chemin de Montréal à Lachine qui se lie à celui de Caucknaouaga à Plattsbourg, *viâ* New-York ; le chemin du Saint-Laurent et du Champlain qui se termine à *Rouse's-Point* sur le lac Champlain : ces deux derniers s'embranchent avec des voies ferrées américaines qui ont pour *termini* New-York, Boston et autres villes des États-Unis. Le chemin de fer qui fait communiquer les lacs Ontario, Simcoe et Huron, sa longueur est d'environ trente lieues. Le chemin de Buffalo, Brandford et Goderich, qui met le lac Huron en communication directe à travers la péninsule de l'ouest, avec le canal Welland et les eaux du lac Érié. Le chemin de fer de l'Ouest qui va de Hamilton à Niagara, et d'Hamilton à Windsor sur la rivière Détroit, est, après le Grand-Tronc, le plus important de tous nos chemins de fer ; il est en pleine opération et sert à des transports considérables. Tous ces chemins sont complétés et communiquent directement avec la voie du Saint-Laurent.

Il y a en sus un bon nombre de chemins de fer commencés ou sous-contrats : un chemin de Québec au Saguenay par l'intérieur ; un de Québec à Montréal sur la rive nord du fleuve ; un de Montréal à la ligne frontière dans le district de Saint-François ; un de l'Outaouais à Prescott, comté de Grenville ; un de Brockville à l'Outaouais ; un appelé la *Grande-Jonction* allant de Belleville à Péterborough, et de là au lac Huron ; une ligne bifurquée de Port-Hope et Cobourg à Peterborough ; une de Toronto à Hamilton ; une de Toronto à Goderich ; une de Woodstock dans le comté d'Oxford au lac Érié, et une de London à Port-Stanley sur le lac Érié. Plusieurs autres chemins de fer sont en contemplation, et il en est quelques-uns dont les compagnies ont déjà reçu leur concession de la législature : ces concessions prennent en Canada le nom de *Chartes*.

Maintenant disons un mot de la route du Saint-Laurent comparée avec les communications américaines, comme moyen de transport pour les passagers et les articles de commerce, en autant que liées avec l'émigration et le trafic du Canada et des États, déjà mentionnés, de l'Ouest.

Établissons d'abord que cette voie est la plus courte et la plus directe qui de l'Europe nord et de l'Europe centrale conduise aux bords des lacs Ontario, Érié, Huron, Michigan et Supérieur. Des ports européens des sections mentionnées, tous les navires se dirigeant soit vers New-York, Boston, ou le golfe Saint-Laurent, se réunissent dans leur course à un point commun, près de Terreneuve, un peu à l'ouest de la hauteur du cap Race, distant en chiffres ronds 700 lieues de France, environ, des côtes d'Europe. C'est de ce point commun que doivent se comparer les différentes routes en question.

De là à la Nouvelle-Orléans il y a 1,000 lieues, à New-York 450 lieues, à Boston 400 lieues, à Québec 400 lieues.

Il y a donc des côtes de France ou d'Angleterre pour se rendre à

Québec	1,100	lieues.
Boston.	1,100	—
New-York.	1,150	—
Nouvelle-Orléans.	1,700	—

Remarquons, en passant, que pour les navires venant du Nord de l'Europe il est un passage pour Québec beaucoup plus court que celui par cap Race, je veux parler de la route par le détroit de Belle-Ile, au nord de l'île de Terreneuve, par le 52⁰. La différence est évaluée à 100 lieues en faveur de Belle-Ile. Des côtes d'Irlande au Labrador canadien il n'y a que 770 lieues.

Prouvé, donc, que Québec est plus près d'Europe qu'aucun des points importants de l'Amérique du Nord, en tant que liés avec le commerce continental intérieur, il reste à démontrer que la route du Saint-Laurent est supérieure à toute autre.

Arrivé à l'un des ports de New-York et Boston, l'émigrant n'a, pour se diriger vers l'ouest avec son bagage, que des lignes de chemins de fer (à l'exception, pour New-York, d'une navigation de 50 lieues sur l'Hudson), plus coûteuses que nos communications par eau, et sujettes, en outre, aux transbordements, qui arrivent à chaque jonction de lignes différentes. J'ai dit que les émigrants ne trouvaient qu'une manière de voyager vers l'Ouest dans les États-

Unis, parce que leurs canaux étant petits et incapables d'admettre la vapeur comme principe moteur, sont hors d'état de transporter les passagers à notre époque.

Au contraire, l'émigrant, le voyageur arrivant à Québec avec l'intention de ne pas demeurer dans le Bas Canada, mais de s'éloigner vers l'ouest, peuvent être transportés avec leurs effets au lieu de destination, avec tout le comfort qu'offrent les grands bateaux à vapeur, vers aucun des ports intérieurs, sans qu'ils aient à mettre pied à terre autrement que pour se délasser, lors du passage à travers les écluses de nos canaux. Et la moyenne différence du temps employé pour le voyage de ces ports américains à Buffalo, par chemin de fer, avec le temps dépensé pour le voyage de Québec à Buffalo, par eau, sur le Saint-Laurent, n'est que de quarante heures, différence insignifiante pour l'émigrant ou le fret eu égard à la distance parcourue.

Notons de suite que la navigation du Saint-Laurent se relie, sur une foule de points, avec des communications par eau et par voies ferrées, dont le grand nombre arrivent aux ports océaniques des États-Unis. Ce qui fait, soit dit

en passant, que nos produits peuvent choisir
entre les marchés américains et européens, et
choisir de même entre le transport par eau et
le transport par terre. Tous ces avantages sont
si évidents que lorsque la proposition fut faite,
dans l'État de New-York, d'amener le canal
américain de l'Érié au lac Ontario, M. Dewitt-
Clinton, un de leurs hommes d'État, s'y opposa,
disant : « Qu'il suffise d'énoncer que les articles
« d'exportation, une fois arrivés sur les eaux
« de l'Ontario, prendront, en général, la route
« de Montréal, à moins que nos voisins britan-
« niques ne soient entièrement aveugles sur
« leurs propres intérêts. »

On peut évaluer la distance de Québec à
Buffalo, par le fleuve, à 200 lieues, et la distance moyenne entre New-York et Boston, d'un
côté, à Buffalo, de l'autre, par les meilleures
routes de chemins de fer, à 180 lieues. Or, on
sait que les prix les plus modérés possibles sur
les voies ferrées, pour de longues routes encore,
sont, pour les trains d'émigrés, de 15 centimes
par lieue pour chaque voyageur, et pour les
passagers de première classe de 36 centimes.
Les prix ordinaires des meilleurs bateaux, sur

le Saint-Laurent, sont, pour les émigrés, de 11 centimes par tête pour chaque lieue, et de 33 centimes pour les passagers de chambre.

On a donc, comme prix de passage vers l'ouest :

De Québec à Buffalo, pour voyageurs : 66 fr.; pour émigrés, 22 fr.

De Boston ou New-York à Buffalo, pour voyageurs : 65 fr.; pour émigrés, 27 fr.

Il faut remarquer que dans le prix des 66 fr., pour passagers de première classe sur nos bateaux à vapeur, sont compris les repas, qui coûtent généralement, de New-York ou de Boston à Buffalo, environ 6 autres francs, formant 71 fr. sur les routes américaines contre 66 fr. sur la route canadienne. Ces différences de prix ne sont pas énormes, il est vrai, mais il ne faut pas oublier que nous avons comparé nos meilleurs bateaux avec les chemins de fer les plus modérés dans leurs charges. On peut se procurer des passages beaucoup à meilleur marché sur le Saint-Laurent; il est impossible d'en avoir dont le prix soit plus modéré sur aucun chemin de fer.

Les chiffres mis sous les yeux montrent que

la différence de prix est proportionnément plus grande en faveur des émigrés qu'en faveur des voyageurs de première classe. La même proportion se conserve pour le fret, qui coûte beaucoup moins par la voie du Saint-Laurent, et cela dans une progression ascendante avec le volume et le poids des effets à transporter.

Voici la moyenne proportionnelle de ce que coûte un baril de fleur transporté par différentes voies, de Cleveland, État d'Ohio, à divers ports de mer.

De Cleveland à :

Boston (viâ canal Érié et chemin de fer).   5 fr.
New-York (via canal Érié)...........   4
Portland (viâ Saint-Laurent et Montréal).   3
Québec (viâ Saint-Laurent)...........   2

Ce même baril de fleur qui coûte par les voies américaines 5 fr. de fret rendu à Boston, *viâ* États-Unis, ne coûterait que 3. 75 rendu à Boston, *viâ* Saint-Laurent et Montréal. De Toronto à Québec, un même article coûte 1 fr. 50 en moyenne, et de Toronto à New-York 2 fr. 50. Ces prix varient, comme de raison, et ne sont pas toujours les mêmes; mais la proportion est celle indiquée ici. D'ailleurs, les prix mentionnés sont les prix ordinaires des vaisseaux et des trains à fret.

Le transport allant en aval du Saint-Laurent coûte un peu moins, par la raison qu'en descendant, les vaisseaux à fret évitent les canaux et suivent les rapides, qu'ils ne peuvent remonter qu'au moyen des écluses.

On a voulu objecter à la supériorité de la voie du Saint-Laurent qu'elle n'est ouverte que partie de l'année, et que l'hiver nous isole pendant l'autre partie. Le Saint-Laurent s'ouvre ordinairement du 27 avril au 1ᵉʳ mai, et ne se ferme qu'au 25 de novembre. Or, dans cette période de sept mois, ses larges issues peuvent donner passage à tout le fret ; et il vaut mieux pour les émigrés et les voyageurs ne pas voyager vers l'ouest pendant l'hiver, même en prenant New-York et Boston comme point de départ. Le canal de l'Érié et la rivière Hudson ne s'ouvrent pas, le printemps, avant le port de Québec, bien que la température y soit un peu plus chaude en hiver ; mais c'est que le grand fleuve a ses moyens à lui de rejeter les glaçons qui le couvrent.

Des livres écrits sur les voies de communication dont on vient de parler ont avancé, que la navigation du Saint-Laurent présente plus de dangers que les autres routes, et on donnait pour argument que les taux d'assurances y sont plus élevés qu'ailleurs; le fait est vrai, jusqu'à ce jour, que les assurances maritimes y sont plus élevées, et il faut avouer qu'à première vue cet argument paraît très-fort; mais cet effet reconnaît d'autres causes que le montant des pertes; causes qui se déduisent du fait que toutes les compagnies d'assurances sont formées presque exclusivement de capitalistes étrangers aux intérêts immédiats du commerce avec lequel elles traitent. Le lecteur peut voir ci-après, au chapitre des statistiques, le montant comparatif des primes et des pertes des assurances maritimes. Voici un argument d'un autre genre en faveur de la sûreté du fleuve Saint-Laurent et cet argument ne se discute pas il s'impose comme la logique des événements.

L'année 1848 a été la plus désastreuse, pour le monde entier probablement, en naufrages; cette année, les États-Unis perdirent 585 vaisseaux à voiles sur environ 21,000 qui compo-

saient leur marine marchande ; l'Angleterre perdit cette même année 501 navires sur environ
30,000 qui composaient sa flotte de commerce ;
le Canada, sur 2,000 vaisseaux à voiles ayant
fréquenté le Saint-Laurent depuis Montréal en
descendant au golfe, dont 1,200 venant d'outre-
mer, il y a eu 48 naufrages, et jamais ni avant
ni depuis notre fleuve n'en a tant vu : or, dans
ces chiffres il est démontré que dans la même
année, année de désastres pour tous, la meilleure par conséquent pour établir une proportion correcte, nous avons perdu 1 vaisseau sur
42, et les États-Unis 1 sur 35 en chiffres ronds.
Voilà qui vaut bien l'argument tiré de la prime
d'assurance sur la sécurité comparative des côtes
et eaux navigables des deux contrées.

On pardonnera cette persistance à comparer
le Canada aux États-Unis, en réfléchissant que
trop souvent, en France, on attribue aux Américains tout ce qui se fait dans l'Amérique du
nord : petite erreur que nos aimables voisins to-
lèrent avec une bienveillance qui n'est pas dans
les habitudes journalières.

VII.

INSTITUTIONS POLITIQUES ET CIVILES DU CANADA.

Constitution du Canada ; — pouvoir exécutif, pouvoir législatif, adoption des lois, travaux des chambres, principe électif, composition du conseil exécutif, réunions, vacances, prorogations et dissolutions des chambres. — *Organisation judiciaire ;* dans le Canada-est ou Canada français, dans le Canada-ouest. — *Éducation ;* ministère public de l'éducation, fond des écoles, contrôle des deniers, universités, collèges. — *Clergé.* — *Organisation municipale ;* chemins. — Renvoi au chapitre suivant sur ces divers sujets.

La constitution qui unit le Haut et le Bas Canada sous un même gouvernement est calquée sur celle de l'Angleterre, et la seule différence réelle qui existe consiste dans ce que la sanction des lois peut être réservée à l'autorité souveraine de la métropole, quand le gouverneur le juge à propos. Ceci n'a guère lieu que pour conserver le principe de la dépendance du pays comme colonie, et, en fait, le parlement anglais laisse au parlement colonial toute la liberté possible et le maniement et la jouissance de tous ses revenus.

Le pouvoir exécutif se compose du gouverneur, représentant le souverain, et d'un conseil de ministres qui seuls sont responsables des actes de l'autorité, et ne se maintiennent au pouvoir que par la confiance des deux chambres. Au cas de conflit entre la représentation et l'exécutif, celui-ci peut dissoudre le parlement et en appeler au peuple par de nouvelles élections.

Le pouvoir législatif est formé de deux chambres, dont l'une, le conseil législatif, est nommé par la couronne d'après l'avis du conseil des ministres, et dont le nombre est indéterminé : l'autre, l'assemblée législative, est élue par le peuple des comtés et des villes, et est composée de 130 membres, 65 dans chaque section, dont le mandat expire tous les quatre ans, et peut cesser avant ce terme par une dissolution du Parlement. L'assemblée législative a seule le droit de voter les subsides, et toute mesure entraînant une appropriation de deniers publics doit originer dans cette chambre.

Les autres lois originent soit dans le conseil législatif, soit dans l'assemblée, qui seuls peuvent discuter et amender les projets de loi. Quand un *bill,* ou projet d'acte, venu d'une chambre et soumis à l'autre est amendé, le projet revient à ce corps, d'où la proposition origine, qui concourt dans les amendements, ou refuse de concourir, ou propose des amendements aux amendements; si le concours a lieu, le *bill* est passé, et n'a plus besoin que de la sanction du gouverneur pour devenir loi; si, au contraire, le concours absolu n'a pas lieu, alors il y a conférence entre des membres des deux chambres choisis comme conférendaires. Là, la chose s'arrange toujours; si elle ne s'arrangeait pas, alors le *bill* tomberait par le fait.

Les chambres sont la grande enquête du pays, et ont droit de s'informer de tout; et toute information demandée par la majorité de l'assemblée doit être fournie par le gouvernement, à peine de résignation ou d'appel au peuple. Les questions se décident à la majorité des membres présents, quel que soit le nombre, pourvu qu'il y ait *quorum,* ou nombre suffisant. Le *quorum* du conseil législatif est de onze, et celui de l'assemblée de vingt-un. Les chambres sont présidées par des *orateurs* qui ne votent que lors de division égale : celui de l'assemblée est élu par la chambre, celui du conseil est nommé par l'exécutif. Les projets de mesure, les enquêtes et autres travaux préparatoires se font dans des comités qui font rapport. Ces comités sont ou généraux, c'est-à-dire de tous les membres présents de la chambre, ou spéciaux, composés d'un nombre déterminé de membres; il y a, en sus, des comités permanents qui font rapports de temps à autre sur les choses importantes référées à leur examen.

On est sur le point de rendre le conseil législatif électif, ce qui sera un changement considérable dans la constitution, non-seulement sous le point de vue de la responsabilité au peuple; mais encore sous celui des rapports des deux chambres entre elles, et entre elles et l'Exécutif.

Le conseil des ministres, qu'on appelle ici indistinctement le ministère ou l'administration, et dont le nombre n'est pas fixé par la constitution, se compose aujourd'hui comme suit :

Un secrétaire provincial dont le portefeuille répond à celui de ministre de l'intérieur et de l'éducation.

Un receveur général dont le portefeuille appartient à la finance.

Un inspecteur général des comptes publics.

Un commissaire des travaux publics.

Un commissaire des terres de la couronne (colonisation et forêts).

Un ministre de l'agriculture dont relève un bureau des statistiques et des brevets d'invention.

Deux procureurs généraux, portefeuille de la justice, un pour le Haut et un pour le Bas Canada.

Un maître général des postes.

Un ministre sans portefeuille qui est orateur du conseil législatif.

De ces dix ministres actuels, cinq appartiennent au Haut Canada et cinq au Bas Canada. Attachés à l'administration et tombant avec elle le cas échéant, mais n'en faisant pas partie, sont deux solliciteurs généraux, participant des fonctions des Procureurs généraux. Tous ces fonctionnaires doivent être membres de l'une des deux chambres et il doit y en avoir dans les deux.

Le conseil des ministres siége en permanence

et avise le gouverneur qui préside les assemblées des ministres où les actes administratifs sont décidés; mais le ministère a des assemblées de comités où les choses se discutent et se préparent, et auxquelles le gouverneur n'assiste pas, car, en sa présence, il est dans l'ordre de ne pas différer essentiellement d'opinion. Tous les officiers publics sont à la nomination du gouverneur.

Les orateurs des deux Chambres ont la nomination des employés de ces Chambres, excepté celles des sergents d'armes et huissiers-gentilshommes qui, recevant des commissions voulues par les usages, sont nommés par l'Exécutif, qui d'ordinaire les choisit sur avis des orateurs.

Les contestations d'élections des membres de l'assemblée législative se décident par des comités d'élections pris dans le sein de ce corps, en vertu d'une loi spéciale.

Les réunions des Chambres doivent avoir lieu au moins tous les ans; elles durent d'ordinaire plusieurs mois, et c'est ce qu'on appelle une session. Les Chambres peuvent s'ajourner pour de longues vacances et c'est toujours la même session; mais, quand les travaux des Chambres sont arrêtés par ordre du gouverneur en conseil, alors c'est une *prorogation*, et la réunion qui suit est une nouvelle session. On appelle parlement la durée des Chambres d'une élection à une autre; à chaque nouvelle élection générale, arrivant soit après quatre années de durée des mandats, ou plus tôt, par dissolution, c'est un nouveau parlement. Dans l'intervalle qui s'écoule entre la fin d'un parlement et le commencement d'un nouveau, état qui ne doit pas durer un an, et qui ne dure d'ordinaire que quelques mois, il n'y a pas de pouvoir législatif en pleine existence. En voici assez pour faire voir que notre constitution est la même que celle de l'Angleterre; nos usages et nos coutumes parlementaires sont aussi exactement les mêmes, et les Chambres et leurs membres jouissent des priviléges que sanctionnent ces usages, de même que les prérogatives de la couronne gisent dans le gouverneur qui représente le souverain. Les changements d'administration se font comme en Angleterre, enfin c'est ici en petit ce que c'est là en grand, cette chose qui a nom politique.

L'énoncé des pouvoirs considérables que pos-

sède le parlement canadien, pouvoirs qui s'éten-
dent à tout ce qui regarde la législation et l'administration du pays, mène tout naturellement à
parler d'un sujet qui, pour les Français surtout,
est un épouvantail qui les éloigne de toutes les
parties du territoire britannique; je veux dire les
lois de succession aux héritages, connues sous le
nom de *lois des aliens*. Le Français qui voudrait
émigrer au Canada n'a pas besoin de craindre
pour lui ou pour les siens l'effet injuste de ces lois,
non plus que des lois de *primogéniture* : ce code
exceptionnel de l'Angleterre, auquel néanmoins
elle doit une partie de ses progrès en agriculture et la stabilité de son gouvernement, n'existe
pas en Canada. On conçoit que la colonie ayant
le pouvoir de légisférer sur le sujet a bien pris le
soin de faire disparaître toutes les dispositions
légales capables d'éloigner les étrangers de son
territoire, puisque l'immigration est encore aujourd'hui le premier élément de progrès pour
un pays aussi vaste, aussi pourvu de richesses
naturelles, et encore comparativement si peu
peuplé. Oui, l'étranger peut être assuré de trouver au Canada toutes les dispositions qui peuvent
garantir à lui et à sa famille la possession et la

succession paisible et non interrompue des biens
que l'application du travail et du capital aura
produits; la tendance de nos lois, de nos efforts
étant d'encourager la venue des émigrés hon-
nêtes et dispos.

Le pouvoir judiciaire est différemment orga-
nisé dans le Bas et dans le Haut Canada. Voici
en somme les deux organisations. A part de ceci
que, dans certains cas, on peut interjeter appel
des décisions au conseil privé en Angleterre.

Dans le Bas Canada ou Canada Est, le premier tribunal se nomme le *Banc de la reine;* il
se compose de quatre juges, présidés par un
juge en chef, mais qui agissent en l'absence les
uns des autres en certains cas; il juge en appel
et en matières criminelles graves qui ne tombent pas sous la juridiction des tribunaux de
police. Un autre tribunal composé de dix juges, dont deux juges en chef, pour Montréal et
Québec, se nomme *Cour supérieure*, et décide
en première instance les causes importantes, et
en appel les causes des tribunaux inférieurs. Un
troisième ordre dans la hiérarchie judiciaire
forme la *Cour de circuit;* le nombre des juges
de cette cour est aujourd'hui de neuf, dont un

réside dans chacun des districts de Kamouraska
et Outaouais, deux dans le district de Gaspé et
un au circuit de Chicoutimi, dans le territoire
du Saguenay; leur juridiction s'étend jusqu'à
1000 francs; dans quelques districts les rési-
dants exercent en outre la juridiction dévolue
aux autres cours, mais dans le terme seulement.
Les juges de circuit tiennent, avec les magistrats, des *sessions de quartiers* pour juger de
certaines offenses criminelles.

Il y a encore une cour d'Amirauté, dont l'u-
nique juge, siégeant à Québec, décide en matière
de juridiction maritime. Quand les régnicoles
d'une paroisse le veulent, ils peuvent avoir un
tribunal choisi parmi eux, qu'on appelle *cour
de Commissaires,* qui décide en matière de dettes
seulement, jusqu'à juridiction concurrente de
120 fr. Des magistrats spéciaux et non rétri-
bués, appelés *Juges de paix,* sont nommés parmi
les résidents des différentes localités et investis
du pouvoir de juger en matière de police rurale
et autres.

Dans le Haut Canada, il y a une cour d'Appel
composée des juges des cours supérieures en
loi et en équité; une cour du *Banc de la reine,*

avec un juge en chef et deux autres juges; une cour de *Chancellerie*, jugeant en équité, composée d'un chancelier et deux vice - chanceliers; une cour des Plaids communs (*common pleas*), composée d'un juge en chef et de deux juges puinés. Ces juges président les assises criminelles dans les différents comtés et siégent dans ce qui s'appelle, comme en Angleterre, les *Law terms*. Ils suivent en outre différents circuits. A part de ces cours supérieures, il y a : la cour appelée *Heir and devisee court*. Cette cour est tenue par des commissaires, qui sont les juges des cours supérieures, avec des juges nommés *ad hoc*. La juridiction de ce tribunal ne va qu'à décider de certaines contentions relatives à des successions concernant des terres possédées sans *lettres patentes* de la couronne. Il y a encore les cours appelées *Court of probate*, *Subrogate court, Insolvent debtors' court*, dont il serait trop long de bien définir les divers attributs. Il y a vingt-neuf juges de comtés et divisions de comtés qui tiennent des termes et résident dans les limites de leurs juridictions respectives; ils président en outre des sessions de quartiers et des cours dites de *Division* pour disposer sommairement de certaines affaires de moindre importance. Dans le Haut Canada comme dans le Bas Canada on publie des rapports judiciaires sur les décisions des tribunaux; les rapporteurs sont subventionnés et font partie du personnel officiel des cours.

L'administratif de l'éducation relève du portefeuille du secrétaire provincial; mais il y a sous lui deux fonctionnaires appelés surintendants de l'éducation, un pour le Haut, l'autre pour le Bas Canada, qui sont, de fait, les ministres de l'instruction publique. Le fonds des écoles communes, formé partie par subvention de l'État, partie par taxes locales, est réglé par les autorités locales de chaque paroisse ou township. En dehors des écoles communes, il y a de nombreux colléges et *académies* régis par des corps politiques, tenant leur existence de *chartes* octroyées par la législature, et dont quelques-uns, dans le Bas Canada, datent des commencements de la colonie, sous la domination française.

Il y a plusieurs universités, entre autres l'Université Laval à Québec, le collége Mac-Gill à Montréal, et l'université de Toronto. Ces trois

Universités ont le droit d'octroyer et octroient de fait à de nombreux élèves, les différents degrés universitaires.

Dans les villes et dans plusieurs comtés du Haut et du Bas Canada, il y a des instituts et des associations littéraires, et un grand nombre de paroisses ont de petites bibliothèques publiques.

Les besoins de la population, sous le rapport religieux, ne sont pas négligés. L'Église catholique, qui forme la communion la plus considérable, y possède un clergé nombreux, sous la direction de plusieurs évêques, dont l'archevêque de Québec est le métropolitain. L'Église d'Angleterre a aussi un évêque métropolitain à Québec, plusieurs autres évêques, et grand nombre de ministres. Les autres dénominations protestantes soutiennent aussi un clergé suffisant pour les besoins de leurs différentes congrégations. Le clergé protestant est maintenu, pour une faible partie, par des bénéfices créés en sa faveur dans un octroi de terres connues sous le nom de *réserves du clergé*. Ce qui reste de ces terres a été réuni au domaine public par la législature, et les bénéfices bornés, dans leur durée, à la vie des bénéficiers. L'État ne paie rien pour le maintien du clergé ; les Catholiques du Bas Canada soutiennent leurs prélats et curés par la dîme du vingt-sixième des grains de la terre, joint au revenu casuel de l'Église ; la dîme, qui est légère et ne pèse que sur une partie de la production, est fixée en vertu d'une loi spéciale, et n'a d'effet que sur les catholiques et dans le Bas Canada seulement.

La régie des affaires de localité sont conduites par des conseils dont les municipaux sont élus à tour de rôle par les contribuables. Ces corps constitués ont le droit d'imposer sur leurs commettants des taxes directes, mais pour certains besoins seulement. Le système qui prévaut dans le Haut Canada pour l'entretien des routes publiques est le système des concessions à des compagnies qui, par leur *charte*, obtiennent le droit de placer des barrières de péage de distance en distance, et de percevoir un certain taux de passage ; ailleurs la municipalité se charge de l'ouverture et entretien des chemins. Dans le Bas Canada, le système qui domine est celui du travail personnel tombant sur le propriétaire ou l'occupant à raison de l'étendue de sa propriété.

Dans le chapitre suivant des statistiques, le lecteur va trouver beaucoup de renseignements qui appartiennent aux sujets traités dans les chapitres qui précèdent; mais la concision que doit avoir ce livre ne permet pas les répétitions. Voilà pourquoi d'intéressantes données sur notre système financier et des banques n'ont pas encore été fournies. Les renseignements numériques qui nécessitent des explications les reçoivent dans ce dernier chapitre, où le lecteur doit s'attendre à trouver beaucoup de chiffres; c'est presque une excuse offerte sur l'emploi des statistiques; mais on a dit : « Il n'est pas de science dont on ait plus abusé que de la statistique, » et je ne voudrais pas encourir le reproche d'être tombé dans cet abus, quand ce volume contient si peu de chose sous d'autres rapports.

VIII.

RENSEIGNEMENTS STATISTIQUES ET DONNÉES GÉNÉRALES.

Note. — § 1. *Dénombrement personnel* : par origines ; par religions ; par sections de province ; population des principales villes ; remarques ; tableau comparatif ; nombre des aliénés ; statistique du pénitentier provincial ; recensement par genres d'occupation. — § 2. Recensement agricole ; superficie des terres possédées et cultivées ; répartition de la propriété foncière ; division des champs ; produits de la terre en quantités annuelles ; nombre des troupeaux ; valeur collective de certains produits ; prix du marché des articles de production agricole en 1851 ; comparaison avec les États-Unis. — § 3. Statistique sur l'éducation : Universités ; colléges ; écoles ; nombre d'élèves ; clergé. — § 4. Travaux publics : Phares ; quais ; canaux ; glissoires ; chemins et ponts ; coût de ces travaux ; rapport de ces travaux ; remorqueurs ; chemins de fer. — § 5. Finances du pays : Revenu et ses sources ; état comparatif ; bilan provincial. — § 6. Commerce : Mouvements des ports ; valeurs importées et exportées ; articles principaux d'importation et d'exportation ; construction des navires ; banques ; compagnies d'assurances. — § 7. Renseignements divers : Taxes locales ; taux de la poste ; cours de la monnaie ; prix des habitations ; prix des passages d'Europe à Québec.

Le dernier dénombrement personnel, agricole et manufacturier pour le Canada date de 1851 : le lecteur devra ne pas perdre de vue que dans quatre ans les choses changent beaucoup chez nous, comme le démontreront les tables comparatives de ce chapitre. Il est certain, par exemple, que la population de la province au 1ᵉʳ janvier 1855 avait considérablement dépassé le chiffre de 2,000,000, que le lecteur peut prendre comme criterium de comparaison.

DÉNOMBREMENT PERSONNEL DE 1851.

Population du Canada 1,842,265, distribuée comme suit entre les deux sections du pays :

Haut Canada..... 952,004
Bas Canada...... 890,261

Ce chiffre se subdivise comme suit par origines et lieux principaux de naissance :

Franco-Canadiens.......... 695,945
Canadiens non Français..... 651,673
Natifs d'Irlande........... 227,766
— d'Angleterre.......... 93,929
— d'Écosse............ 90,376
— du continent américain. 64,109
— du continent européen. 18,467

Les grandes divisions de la population sous le rapport des religions sont comme suit :

Catholiques........ 914,561
Anglicans......... 268,592
Presbytériens...... 176,094

10.

Méthodistes........ 173,959
Écossais.......... 61,589
Protestants divers.. 176,085
Non classés...... 71,334
Juifs............. 351

Le Bas Canada contient :

Franco-Canadiens.......... 669,528
Canadiens d'autres origines.. 125,580
Catholiques............... 746,866

Le Haut Canada renferme :

Anglo-Canadiens.. 526,093
Franco-Canadiens. 26,417
Protestants....... 733,917

Voici la population des villes les plus importantes du Haut et du Bas Canada en 1851, toujours par ordre de chiffres.

Haut Canada :

Toronto..... 30,775 hab.
Hamilton... 14,112
Kingston.... 11,585
Bytown.... 7,760
London..... 7,035

Belleville........	4,569
Brandford......	3,877
Cobourg.......	3,871
Dundas........	3,517
Niagara........	3,340
Brockville......	3,246
Port-Hope.....	2,476

Bas Canada :

Montréal........	57,715 hab.
Québec.........	42,052
Trois-Rivières....	4,936
Sorel..........	3,424
Saint-Hyacinthe..	3,313
Saint-Jean......	3,215
Sherbroke......	2,998

Quand à Québec on doit remarquer que la banlieue contient de plus environ 10,000 âmes, en dehors du chiffre donné plus haut.

Toutes ces populations ont considérablement augmenté, surtout dans le Haut Canada, où se dirige l'émigration des îles britanniques. L'Européen doit remarquer qu'il ne faut pas juger de l'importance commerciale de ces villes par le chiffre de leur population; car population pour population, il se fait infiniment plus d'affaires en Canada qu'ailleurs; par exemple, qu'on cherche ailleurs une ville de 43,000 âmes, comme était Québec en 1851, dont l'exportation comme port s'élève en valeur à 32,000,000 de francs, et dont la navigation au long cours occupe une flotte de 1,000,000 de tonneaux.

Voici un petit tableau montrant les progrès de la population des deux sections de la province depuis 1763.

ANNÉES.	CHIFFRES DE LA POPULATION.		
	BAS CANADA.	HAUT CANADA.	CANADA.
1763	70,000	12,000	82,000
1814	335,000	95,000	430,000
1823	427,000	150,000	375,000
1831	512,000	260,000	772,000
1844	699,000	500,000	1,199,000
1848	770,000	721,000	1,491,000
1851	890,261	952,004	1,842,265

Il y a peu d'États dans l'Union américaine où l'augmentation ait été si rapide que dans le Canada pris comme un tout depuis quelques années, et aucun où elle atteigne le chiffre de la proportion du Haut Canada. Voici un petit tableau de l'accroissement comparé aux États-Unis et au Canada pour une période de dix années.

Population des États en 1840.   17,067,453
   D°   d°   1850.   23,091,488
Augmentation : 35 par 100.

Population du Canada en 1841.   1,090,000
   D°   d°   1851.   1,842,265
Augmentation : 69 par cent.

Population du Haut Canada : 1841.   465,357
   D°   d°   1851.   952,004
Augmentation : 104 par cent.

D'après le retour des deux asiles des Lunatics de Toronto et Québec, il y avait en 1851 dans le

Haut Canada.................   288 aliénés.
  Dont hommes........   150
  — femmes........   138

Bas Canada................ 153 aliénés.

    Dont hommes....... 80

    — femmes....... 73

Il y avait en octobre 1851 :

Criminels détenus au Pénitentiaire..... 390

    Dont : Du Haut Canada.... 257

    d°   Bas Canada...... 133

Nous donnons ici une bien longue liste, celle de presque tous les métiers et professions exercés dans le pays, avec le nombre des personnes qui les exercent, séparément pour les deux sections de la province. Rien n'est plus propre à faire connaître notre industrie et à renseigner le capitaliste et l'émigrant que l'étude de ce tableau, comparé avec le reste des données offertes dans cet opuscule. Quelques notes qui suivent montreront quel parti peut en tirer celui qui veut se familiariser avec l'état industriel du pays. Il est bon de remarquer que ces renseignements sur les occupations de la population ne sont pas d'une exactitude mathématique. La manière inexacte dont ont rempli cette partie de leur tâche ceux qui étaient chargés de préparer les résumés statistiques de 1851 a rendu le travail de correction très-difficile.

Cette liste, néanmoins, peut être d'une grande utilité. Notons que, dans le tableau, les chiffres de droite ont rapport au Haut Canada, et ceux de gauche au Bas Canada.

Tableau alphabétique du recensement personnel du Canada par métiers, professions et occupations principaux.

	Haut Canada.	Bas Canada.
Agents, courtiers et encanteurs.	281	228
Apothicaires..............	108	26
Artistes en tous genres, archi-tectes, sculpteurs, etc.....	218	259
Armuriers.................	53	21
Arpenteurs...............	102	76
Avocats et procureurs.......	302	273
Aubergistes et cabaretiers...	1,772	443
Arrimeurs................	»	163
Banquiers................	32	11
Coiffeurs................	94	30
Bijoutiers, orfévres et horlo-gers..................	200	147

	Haut Canada.	Bas Canada.
Bouchers......................	600	474
Boulangers...................	462	590
Boutiquiers..................	435	»
Brasseurs et distillateurs....	440	75
Briquetiers et potiers (chefs industriels)...............	92	50
Calfats, cordiers, gréeurs, poulieurs et voiliers......	125	226
Cardeurs....................	72	94
Carrossiers et charrons......	1,789	584
Chaisiers, meubliers et tapissiers.....................	1,258	379
Chapeliers...................	113	68
Charpentiers de marine, menuisiers et ouvriers en bois.	8,367	8,923
Cochers, charretiers, voituriers.	3,400	3,500
Collecteurs et facteurs.......	137	60
Colporteurs..................	240	67
Commerçants...............	20	51
Commis de tous genres.....	3,242	2,376
Comptables.................	88	62
Entrepreneurs publics de travaux.....................	718	600
Confiseurs..................	86	76

	Haut Canada.	Bas Canada.
Constables, huissiers, sergents de ville..................	185	390
Cordonniers, bottiers, etc....	5,898	3,069
Cultivateurs - propriétaires et chefs de maisons.........	86,224	78,264
Dentistes....................	36	8
Ecclésiastiques.............	963	620
Éditeurs, libraires, rédacteurs de journaux...............	83	76
Épiciers....................	475	529
Entrepreneurs d'exploitations forestières en sous-chef....	3,000	3,000
Fabricants de toutes sortes...	771	346
Ferblantiers................	483	323
Fondeurs....................	471	403
Forgerons...................	4,235	2,840
Hôtelliers..................	319	247
Imprimeurs (compagnons)...	500	400
Ingénieurs-mécaniciens......	373	224
Instituteurs d'écoles communes.	2,422	2,000
Inspecteurs-mesureurs de bois.	3	73
Jardiniers..................	279	142
Journaliers à la campagne et cultivateurs non propriétaires....................	78,584	63,365

	Haut Canada.	Bas Canada.
Maçons, plâtriers, etc........	6,909	1,316
Machinistes et chefs d'ateliers.	685	272
Marchands..................	2,600	2,000
Marins, pêcheurs, pilotes caboteurs..................	5,000	8,000
Manœuvres et employés non classés..................	20,000	20,000
Médecins et chirurgiens.....	382	410
Meuniers..................	1,083	667
Négociants..................	155	589
Notaires..................	19	538
Ouvriers en métaux, cuivre, plomb, etc.............	64	59
Pensionnaires militaires anglais..................	257	29
Peintres en bâtiments........	641	600
Potassiers..................	84	16
Professeurs des universités et colléges, et membres des professions savantes non inscrites..................	80	150
Relieurs..................	51	40
Rentiers..................	1,116	3,870
Serviteurs de maisons........	3,180	5,559
Selliers..................	873	273

	Haut Canada.	Bas Canada.
Tailleurs.	2,662	671
Tanneurs.	561	532
Tisserands.	1,738	166
Tonneliers.	1,935	473
Vétérinaires	46	20

On a vu que la population du Haut Canada était, en 1851, de 952,004, et celle du Bas Canada de 890,261. Les tables ci-dessus, qui sont déduites des divers renseignements fournis par le recensement de l'année déjà citée, et qui ont trait aux occupations de la population mâle seulement, donnent un chiffre total de 260,000 pour le Haut Canada, et de 220,000 pour le Bas Canada (nombres ronds). Or, c'est aussi exactement que possible le chiffre de la population mâle de 15 à 65 ans pour chacune des deux sections de la province.

La comparaison du nombre de la population totale de chaque division du Canada avec le chiffre de la population adulte démontre que, proportion gardée, le rapport des âges moyens à la population n'est pas le même partout, et que ce rapport est plus grand pour le Haut que pour le Bas Canada, cela vient de ce que le

Canada français n'augmente que par le seul fait de l'excédant des naissances sur les décès, tandis que dans le Canada ouest l'augmentation a pour cause principale l'immigration.

Puisque nous en sommes sur ce point, il vaut autant donner de suite un petit tableau du dénombrement de la population du Canada par âge, tableau qui ne peut manquer d'intéresser l'observateur attentif, et dont on peut déduire beaucoup de conclusions intéressantes sur les mouvements de la population.

Nombre d'individus des deux sexes dans le Haut et le Bas Canada.

	Haut Canada.	Bas Canada.
De l'âge de moins de 1 an..	37,732	39,686
d° de 1 à 5 ans.....	131,380	127,050
d° de 5 à 10 ans....	138,726	115,035
d° de 10 à 15 ans...	119,263	104,639
d° de 15 à 20 ans...	100,053	102,564
d° de 20 à 30 ans...	166,852	148,710
d° de 30 à 40 ans...	108,992	94,781
d° de 40 à 50 ans...	69,542	65,795
d° de 50 à 60 ans...	41,621	43,648
d° de 60 à 70 ans...	20,356	24,095

	Haut Canada.	Bas Canada.
dº de 70 à 80 ans...	7,156	11,084
dº de 80 à 90 ans...	1,746	3,030
dº de 90 à 100 ans..	255	407
dº de 100 et au-dessus.	20	38
Ages non donnés et erreurs quelque part.........	8,310	9,699

Remarquons que l'organisation sociale dans le Haut et dans le Bas Canada est bien différente. Il règne dans le premier un système de décentralisation et de division du travail qui fait, que bien que la population urbaine soit à peu près la même en nombre dans les deux sections du pays, elle se trouve recueillie sur quelques centres dans le Bas Canada, tandis qu'elle est diffuse dans le Haut Canada et répandue dans un grand nombre de petites villes. Cela tient au génie des deux races qui dominent, chacune dans leur section ; c'est la France et les Français qui ont fait le Canada Est, l'Angleterre et les Anglais le Canada Ouest.

Dans les nombres de 20,000 pour chacune des sections de la province, portés au tableau des occupations et métiers sous le titre de Manœuvres, est comprise toute cette population aventureuse, dont les individus sont tantôt bûcherons, ou chasseurs dans les forêts; tantôt matelots ou pêcheurs à la mer; quelquefois charpentiers de marine; quelquefois ouvriers dans les usines et les boutiques; et puis changent d'occupations avec les saisons ou suivant que les demandes pour ouvrage varient.

Il ne faut pas oublier que le nombre des marins inscrits dans les tables précédentes ne se rapportent qu'aux marins montant les bâtiments appartenant au commerce intérieur et du cabotage; car les navires d'outre-mer sont montés presque exclusivement par des marins anglais.

§ 2.

RECENSEMENT AGRICOLE.

C'est toujours des tables du recensement de 1851, que nous extrayons.

Nombre total d'acres de terre possédés[1] 17,939,796 ;

Dont dans le Haut Canada... 9,826,417
     d°   Bas Canada.... 8,113,379
De ce chiffre, total en culture, 7,300,839
Dont dans le Haut Canada.. 3,695,763
     d°   Bas Canada... 3,605,076

Des premiers chiffres, total en bois 10,638,957.

Dont dans le Haut Canada.. 6,130,654
     d°   Bas Canada... 4,508,303

Ce qui donne une moyenne, pour chaque ha-

1. L'âcre est un peu plus grand que l'arpent français, un onzième de plus environ, et un peu moins que la moitié d'un hectare, étant 0,404,671 de l'hectare.

bitant, de 10 arpents dont 4 en culture et 6 en bois ; cette moyenne est dépassée maintenant, car les acquisitions de terre et les défrichements augmentent dans une proportion plus grande que celle de l'accroissement de la population.

La valeur approximative en francs de toutes les terres, possédées est en chiffres ronds , de 1,340,000,000.

    Dont dans le Haut Canada..   740,000,000
       d°   Bas Canada...   600,000,000

Le nombre des occupants de terre étant, en 1851, de 195,683, la moyenne de terre en possession alors de chaque occupant était de 92 acres en superficie, et la moyenne valeur de chaque héritage de 6,800 francs en chiffres ronds , donnant une valeur moyenne approximative par chaque acre mi-cultivé et mi en bois de 74 fr.

Voici comment la terre se partage entre les occupants sous le rapport de la quotité des héritages :

Dans le Haut Canada :

Nombre total d'occupants de terres...   99,890
Occupants de 10 acres et moins....   9,976

dº	de 10 à 20..............	1,889
dº	de 20 à 50...............	18,467
dº	de 50 à 100.............	48,027
dº	de 100 à 200...........	18,421
dº	au-dessus de 200........	3,120

Dans le Bas Canada :

Nombre total d'occupants de terres..		95,823
Occupants de 10 acres et moins......		13,261
dº	de 10 à 20..............	3,074
dº	de 20 à 50..............	17,409
dº	de 50 à 100.............	37,885
dᶜ	de 100 à 200...........	18,608
dº	au-dessus de 200.......	4,585

Il y avait en 1851 dans le Haut Canada :

2,274,746 acres sous la charrue.

1,365,556 acres en pâturages,

55,461 acres en jardins.

Dans le Bas Canada :

2,072,953 acres sous la charrue.

1,502,355 acres en pâturages.

30,209 acres en jardins.

Le tableau suivant montre la quantité recueillie de certains produits dans le Haut et le Bas Canada.

PRODUITS.	QUANTITÉS EN BOISSEAUX.	
	HAUT CANADA.	BAS CANADA.
Blé..............	12,675,603	3,480,343
Orge..............	625,355	764,144
Avoine............	11,186,161	10,248,679
Pois..............	2,872,413	1,351,074
Maïs..............	1,686,444	343,103
Seigle............	479,615	390,220
Blé sarasin........	639,264	530,417
Pommes de terre....	4,987,475	5,092,698

Il faut remarquer que bien que tout soit noté au boisseau dans ces tables, les retours pour le Bas Canada ont été faits en minots, qui est un huitième de plus que le boisseau, en sorte que, pour établir une comparaison exacte pour ces produits, il faudra ajouter un huitième sur les items bas canadiens [1]. Le Haut Canada produit plus de blé, plus de maïs, plus de pois ; le Bas Canada plus d'orge, plus d'avoine, plus de pommes de terre.

Voici un autre tableau mentionnant les quantités d'autres produits.

PRODUITS ET MESURES.	HAUT CANADA.	BAS CANADA.
Tonnes de foin [2]	681,782	965,653
Livres de chanvre et lin.	50,650	1,867,016
Verges de toile	44,955	889,523
Idem de flanelle	1,828,633	1,836,964
Livres de sucre d'érable	3,581,505	6,190,694
Gallons de cidre	701,612	53,327
Livres de tabac	764,476	488,652

1. L'auteur n'a vraiment pas eu le temps d'opérer les réductions de toutes ces mesures.

2. Le tonneau de foin pèse vingt quintaux.

Voici un tableau du nombre de bestïaux :

NOMS DU BÉTAIL.	HAUT CANADA.	BAS CANADA.
Chevaux..............	203,300	182,077
Moutons..............	968,022	629,827
Bœufs de trait........	193,982	111,819
Jeune bétail..........	254,988	180,317
Vaches..............	296,924	294,514
Cochons..............	569,257	256,219

Il serait impossible de donner ici la quantité de tous les articles en détails de la production agricole; résumons en donnant la valeur collective annuelle d'un bon nombre de ces articles, cotée sur le retour de 1851.

Valeur totale de tous grains. 112,485,360 fr.

d°   du bétail.... 218,950,740

d°   des articles suivants : foin, graines, chanvre et lin, houblon, laine, tabac, sucre................... 79,300,240

Valeur totale des articles
suivants : beurre, fromage, ci-
dre, flanelle, toile, bœuf salé,
lard salé.   58,038,740
Valeur totale des pommes
de terre (patates).   12,600,220

Voici les prix affectés à chaque article en
1851 pour baser les calculs ; tous ces articles
ont énormément augmenté en valeur, mais on
peut prendre ce tableau comme indiquant en
même temps les prix moyens des articles nommés, pour des quantités considérables, de qualités moyennes et au-dessous, pour années communes.

Chevaux.	250 fr.	
Vaches.	75	
Bœufs.	120	
Jeune bétail.	30	
Moutons.	7	50
Cochons.	20	
Blé, le boisseau.	4	
Seigle.	2	5
Orge.	3	
Avoine.	1	

Maïs................	2	50
Pois................	3	
Pommes de terre......	1	25
Graines............	10	
Foin, le tonneau.....	40	
Chanvre et lin, la livre.	0	25
Houblon d°.........	1	
Laine d°.........	0	50
Tabac d°.........	0	50
Sucre d°.........	0	16
Beurre d°.........	0	62
Fromage d°.........	0	50
Cidre gallon........	0	16
Flanelle, la verge.....	2	00
Toile grosse, la verge..	1	25
Bœuf salé, baril.....	30	
Lard salé, d°......	50	

Le total du prix des articles de production mentionnés ici s'est donc élevé en valeur à 481,375,300 francs.

Dont pour le Haut Canada.	276,457,260 fr.
d° Bas Canada..	204,918,040

Il faudrait encore ajouter à cela la valeur de

beaucoup d'autres articles, comme les volailles et leurs œufs, les fruits, le miel et les légumes. Il faudrait encore mettre au compte du Bas Canada le produit en huile, peaux de cétacés et poissons du golfe, pour une valeur de pas moins que 4,000,000 de francs; et une autre somme d'à peu près 1,000,000 pour valeur des pelleteries produites par la chasse, surtout dans le territoire du Saguenay.

Il faut remarquer que la production du blé est soumise, dans ce moment, à l'influence désastreuse de deux fléaux qui durent depuis quelque temps, mais qui s'en vont : la mouche hessoise, sur toute l'étendue du Bas Canada, et les charançons pour quelques parties du Haut Canada.

Le montant de nos exportations de bois se trouve plus loin, au paragraphe des statistiques commerciales; elles s'élèvent en nombre rond à plus de 40,000,000 de francs; et on peut exprimer la production totale, consommation intérieure et exportation comprises, de l'exploitation forestière par le chiffre de 60,000,000 de francs. Dans ce genre le Bas Canada produit considérablement plus que le Haut Canada.

Si on s'arrête à la comparaison de la production du Canada avec celle des États-Unis, on notera que les deux contrées sont presque sur un pied d'égalité, eu égard à la population; mais que le Canada l'emporte dans le rapport de la production à la superficie exploitée; ce qui dénote, pour le Canada, des établissements moins anciens, pris comme un tout; mais un sol plus fertile et des ressources naturelles plus vastes.

La population de l'Union américaine était, à l'époque de 1851, de........   23,263,488
celle du Canada, de.........   1,842,265

Le nombre d'acres occupés
dans les États-Unis de........   303,078,970
dans le Canada.............   17,939,796

La valeur de la production des articles mentionnés plus haut, moins les produits forestiers
a été pour les États, de...   6,784,791,160 fr.
pour le Canada, de......   481,375,300

C'est pour le Canada un peu plus de 260 fr. par tête, et pour les États-Unis un peu plus de 280 francs par tête : mais si l'on ajoutait aux produits mentionnés des États-Unis les autres articles de leur production, et aux produits canadiens le *rendement* des forêts et des pêcheries, dont l'exploitation occupe, au Canada, un nombre de bras proportionnellement plus grand (voyez à la table des occupations et métiers le nombre des journaliers et hommes de chantiers), alors la proportion reviendrait en faveur du Canada. La preuve évidente de cet avancé, c'est que la production par acre de terre occupé s'élève en valeur à un peu plus que 24 francs pour le Canada, tandis que celle des États-Unis ne s'élève qu'à un peu plus que 22 francs.

§ 3.

DONNÉES STATISTIQUES SUR L'ÉDUCATION.

Le Haut Canada est beaucoup mieux fourni d'écoles communes élémentaires que le Bas Canada ; mais le Bas Canada est infiniment mieux pourvu d'institutions collégiales et classiques. Voici des tableaux statistiques qu'on peut prendre comme donnant le chiffre pour 1853.

Pour le Haut Canada.

	Nombres.	Élèves.
Colléges.	8	751
Écoles normales.	2	545
d° de grammaire.	98	2,900
d° communes. . . .	3,010	180,000

Pour le Bas Canada.

	Nombres.	Élèves.
Grande université . . .	1	400
Colléges.	10	2,000
Académies, couvents, écoles des frères. .	100	20,000
Écoles communes. . . .	2,300	100,000

L'université Laval, déjà mentionnée et dont

le siége est à Québec, mérite une mention à part par les priviléges que lui octroie sa charte impériale, par le nombre de ses professeurs de science, de médecine, de lois, etc., par le nombre de ses élèves et les précieuses collections de livres, d'objets d'arts, d'instruments qu'elle possède. Cette institution est maintenant l'*Alma mater* des études classiques pour la population française du Canada.

On a vu plus haut que des associations littéraires, des instituts scientifiques et mécaniques existent dans toutes les villes et dans plusieurs campagnes, et que des bibliothèques publiques ornent presque tous les Townships et paroisses. Il y a, à part cela, environ 100 publications périodiques dont le plus grand nombre sont des journaux politiques. Sur ces 100 publications 30 à peu près appartiennent au Bas Canada et le reste au Canada Ouest.

Nous allons placer ici quelques renseignements sur la statistique du clergé en commençant par la communion la plus nombreuse, l'Église catholique[1].

---

1. C'est d'autant plus la place que, non seulement le clergé est le corps enseignant de la morale, mais parce qu'il

Les provinces britanniques de l'Amérique du nord sont constituées en un archiépiscopat provincial catholique, dont Québec, où s'assemblent les conciles, est le siége.

Ce clergé, en Canada, se compose de l'archevêque de Québec, 8 évêques et 607 prêtres.

L'Église d'Angleterre compte 4 évêques et 252 ministres du culte.

Les autres sectes protestantes, qui comptent 895 ministres, divisent le Canada en districts, en presbytères, pour le service de leurs différentes Églises.

s'identifie encore avec l'enseignement des lettres qu'il a presque seul créées dans le Canada français au moins.

§ 4.

TRAVAUX PUBLICS.

Nos grands travaux publics, complétés ou en progrès, sont de différents genres. Commençons par ceux qui s'offrent les premiers aux yeux de l'étranger en entrant dans le fleuve Saint-Laurent; je veux parler des phares. Ce genre comprend deux grandes divisions : les phares du bas du fleuve qui sont moins nombreux de beaucoup, mais d'une nature coûteuse et d'une classe supérieure; ceux de l'intérieur, depuis Québec jusque dans les lacs de l'ouest.

Le coût total des premiers est d'environ 1,200,000 francs ;

Le coût total des seconds, de 1,800,000 francs.

Les premiers sont ainsi situés au nombre de sept : deux sur l'île d'Anticoste, un sur la Pointe des Monts, comté de Tadoussac ; un sur l'îlot du Bicquet, comté de Rimouski ; un sur l'Ile Verte, un sur l'Ile Rouge, comté de Témiscouata, et un sur les Piliers, comté de l'Ilet. Ceux du Bicquet et des Piliers sont munis de phares à rotation, et celui du Bicquet, en outre, est armé d'un canon de 36, que l'on tire toutes les demi-heures dans les temps de brume. Ces phares sont, par leur solidité et leur architecture, de vrais monuments.

Il y a, en outre, une lumière flottante dans la traverse Saint-Roch, vis-à-vis le comté de l'Ilet. Quatre nouveaux phares sont en construction : deux dans le détroit de Belle-Ile, un sur Anticoste et l'autre sur la Pointe de Gaspé. On se propose de les munir de lanternes de Frénel.

Les phares de l'intérieur sont trop nombreux pour pouvoir en donner la liste ; quelques-uns sont placés sur des pontons flottants.

Le second genre de travaux sont les quais formant havres : le coût total de ces constructions est de 9,000,000 de francs.

Il y en a sept dans le Bas Saint-Laurent, dont le coût réuni est d'à peu près 3,000,000, y inclus le prix des phares qui les surmontent : quelques-uns ne sont pas encore terminés entièrement. Presque tous les autres sont situés dans le Haut Canada : leur coût est d'environ 6,000,000 de fr.

Nos canaux, y compris celui des Rideaux,

forment un ensemble de communications dont le coût total est de 101,700,000 francs, partagés comme suit :

Canal des Rideaux...... 30,000,000
   —   Welland......... 30,000,000
   —   des Gallops....... 6,000,000
   —   de Cornwall...... 8,000,000
   —   de Beauharnais.... 12,000,000
   —   de Lachine....... 9,600,000
   —   de Chambly...... 2,800,000
Écluse Saint-Ours....... 540,000
   —   Sainte-Anne...... 460,000
Canal Desjardins........ 600,000
   —   de Burlington..... 1,700,000

Nous avons, en outre, dépensé 1,760,000 fr. pour le creusement du lac Saint-Pierre; 300,000 f. pour l'amélioration des Rapides, et fait un prêt de 1,680,000 fr. pour améliorer Grande Rivière. Tous ces travaux sont complétés. Les canaux des Gallops, de Cornwall, de Beauharnais et de Lachine sont ce que nous nommons dans le pays les canaux du Saint-Laurent, parce que leur ensemble forme un système à part destiné à une navigation plus considérable; les écluses y étant de plus grandes dimensions et capables de recevoir des vaisseaux de 400 tonneaux de port.

Des glissoires pour la descente des bois dans nos grandes rivières ont été construites sur une vaste échelle dans les rivières Outaouais, Saint-Maurice et Trent; leur coût total est d'environ 3,000,000.

Les dépenses faites pour la confection de chemins de première classe, avec ponts de construction supérieure, ont coûté en tout 15,960,000 de francs, dont :

Dans le Haut Canada... 10,600,000
— Bas Canada.... 5,360,000

En sorte qu'en somme voici le montant dépensé pour tous les travaux sus-mentionnés, savoir :

Pour phares............... 3,000,000 de fr.
— havres et quais..... 9,000,000
— canaux........... 101,700,000
— améliorations dans les
chenaux des rivières.. 3,640,000
— glissoires......... 3,000,000
— chemins.......... 15,960,000

Total...... 136,300,000 fr.

Il faut défalquer de cela la somme de 30,000,000, coût du canal Rideau, dont la dépense a été faite par le gouvernement militaire anglais.

Le revenu que tire la province de tous ces travaux est déjà considérable, et augmente tous les ans avec une grande rapidité.

Voici un état des revenus de cette source depuis l'année 1848 :

```
Pour l'année 1848...    929,860 fr.
    —        1849... 1,124,000
    —        1850... 1,315,440
    —        1851... 1,524,320
    —        1852... 1,692,040
    —        1853... 1,916,280
```

Des compagnies particulères, qui, sans avoir de priviléges exclusifs, reçoivent des primes d'encouragement du gouvernement, entretiennent des lignes régulières de remorqueurs; moyennant cette considération, leurs prix de touage sont fixés à un maximum qu'elles ne peuvent dépasser sans entraîner la forfaiture du contrat qui leur fait l'avantage précité.

Des lignes océaniques de grands vaisseaux à hélices et à voiles font des passages réguliers entre Liverpool et Québec l'été, et Liverpool et Portland, état du Maine, l'hiver. Leurs propriétaires reçoivent aussi des primes d'encouragement à des conditions faites dans un but d'intérêt public.

Venons-en maintenant à quelques statistiques sur un autre genre de communication, les chemins de fer. Nous avons actuellement de complétés, en progrès, ou projetés à peu près, un grand total de 3,060 milles de chemins de fer, sans compter la ligne, dont on parle depuis longtemps, depuis Trois-Pistoles à Halifax, par la baie des Chaleurs, laquelle ferait d'Halifax, dans la Nouvelle-Écosse, notre grand port d'hiver, et compléterait nos communications par terre, marchant du golfe au détroit de l'Ouest, côte à côte de notre grande navigation, et suppléant à son absence pendant nos cinq mois d'hiver.

Les voies ferrées, dont la longueur totale vient d'être donnée, s'offrent aujourd'hui comme suit, quant à leur état d'avancement, qui progresse rapidement depuis que nos canaux sont terminés.

Milles complétés....... 700
En progrès........... 2,016
En concessions........ 344
                      ———
Total....... 3,060

Il est difficile d'établir une moyenne du coût de nos chemins canadiens complétés, mais on peut dire que, sous l'action actuelle de l'augmentation des gages et des matériaux, il est impossible de construire un chemin de première classe (je parle relativement à l'Amérique, où les chemins la plupart sont à simple voie et les travaux accessoires d'un genre moins relevé qu'en Angleterre et en France), il est impossible, dis-je, de construire un bon chemin de fer à moins de 190,000 à 200,000 francs par mille, à moins d'être tout spécialement situé sous les rapports des lieux, des affaires financières et de la gestion.

Voici la longueur et le coût moyen par mille de quelques chemins, ou portions de chemins, complétés entièrement, en chiffres ronds, monnaie de France :

Grand Tronc...... 217 milles.   190,000 fr.
Ouest........... 229 —   220,000
Ontario et Simcoe.. 66 —   150,000
Buffalo et Goderich. 75 —   100,000
                    ———————
Total longueur. 587 milles.

La moyenne par mille qu'établit ce tableau est de 165,000 fr. en prenant chaque chemin comme un tout ; mais prenant note de la différence de longueur de chaque route, ou du prix total de la voie, cette moyenne s'élève à près de 186,000 fr.

Les trois premiers chemins ci-dessus nommés, le Grand Tronc, le chemin de l'Ouest et Simcoe, ont part à la *garantie provinciale*, c'est-à-dire que, le gouvernement canadien garantit sur son crédit aux actionnaires des compagnies le remboursement d'une certaine portion du capital employé à la confection du chemin, au cas que l'entreprise devienne une mauvaise spéculation ; et pour cette somme ainsi prêtée le gouvernement devient créancier hypothécaire privilégié sur toutes les propriétés de la compagnie. Si le chemin vient à payer, et que l'investissement devienne profitable pour les actionnaires, alors ceux-ci devront rencontrer le paiement des débentures émanées en leur faveur et mises sur le marché. Dans ce cas, la province n'a rien à payer ; le contraire arrivant, la province aura à opérer le rachat de ses débentures et deviendra propriétaire du chemin jusqu'à concurrence de sa mise comme prêteur. Par la loi qui règle cette transaction, le montant de la garantie que l'exécutif est autorisé à donner est fixé pour chaque compagnie. La longueur totale des trois chemins auxquels cette garantie est affectée est de 1,434 milles, ou de 478 lieues.

On calcule à 100,000,000 de fr. le montant total maximum des débentures que la province peut être appelée à fournir d'abord, puis à payer en partie, au cas de pertes de la part des compagnies.

On peut évaluer à 320,000,000 de fr. environ le capital qui sera appliqué sur nos chemins de fer, quand les 3,060 milles seront complétés : le capital appliqué aujourd'hui est d'à peu près 120,000,000 de fr.

Il faut ajouter aux 320,000,000 de fr. dont on vient de parler 30,000,000, coût probable du pont Victoria, sur le Saint-Laurent.

§ 5.

Le revenu de la province pour l'exercice de 1854 s'élève à 28,470,400 fr. brut, ou à peu près 25,000,000 net.

Les dépenses de la *liste civile*, y compris les *frais de collection du revenu*, étaient évaluées, dans les estimés de 1854, à 18,791,680 fr. Le budget voté cette année a affecté la balance à des travaux publics en progrès et autres nouveaux.

Les sources du revenu se décomposent comme suit :

Douanes.	23,000,000 de fr.
Accise.	400,000
Impôts sur banques.	500,000
Travaux publics. . .	2,000,000
Amendes	80,400
Revenu casuel. . . .	400,000
Impôts des cours. .	90,000
Revenu territorial. .	2,000,000

Comme point de comparaison, voici l'état du revenu du Canada en 1849, époque où nous sommes entrés dans les grandes opérations financières qui ont fait cesser la gêne qu'avaient amenée dans nos affaires les immenses travaux exécutés et pas encore complétés alors.

Source de revenu en 1849 :

Douanes..............	9,000,000 de fr.
Travaux publics...	1,000,000
Accise............	600,000
Territorial et autres.	892,800
Total pour 1849.	11,492,800 fr.

Le gouvernement ne fait pas la banque ; le revenu, à mesure que reçu, se dépose dans les institutions publiques, et là ne rapporte pas d'intérêt quand le ministère des finances croit devoir prochainement tirer sur ces dépôts ; mais lorsqu'on croit ne pas avoir besoin de faire des prises sur ces sommes pour un certain temps, alors on en consolide une partie qui doit rester entre les mains des banquiers qui en paient l'intérêt à trois ou quatre pour cent jusqu'à ce qu'on en ait besoin, dans lequel cas le gouvernement doit donner soixante jours d'avis ; il y a quelques sommes qui ont été déposées pour une période fixée à l'avance, et portant intérêt ; mais ce sont des cas exceptionnels. C'est ainsi que le 1ᵉʳ octobre 1854 dernier, nous avions de disponibles les sommes suivantes :

Dans la banque d'Angleterre...	4,580 fr.
Chez Glyns Mills et Cᵉ à Londres.	252,460
— Baring Brothers à Londres.	37,800
Dans la banque du Haut Canada.	6,040,160
— de Montréal......	171,500
— de l'Amérique du Nord.........	1,531,700
— du Peuple.......	1,191,460
— de Midland District.	2,235,660
— de Québec........	25,420
— d'épargne Mont-réal..........	220,000
— de Gore.........	221,700
— de la Cité.......	811,720
Total........	1,274,296 fr.

L'intérêt ainsi perçu sur les dépôts consolidés a été :

Pour l'année 1852 de.... 262,700 fr.
— 1853 de.... 204,160

Le grand bilan provincial de nos affaires les établissait comme suit au 1er août 1854 :

Passif.

1. Travaux provinciaux... 101,605,460 fr.
2. Comp. du Grand Tronc. 22,041,120
3. Autres chemins de fer garantis........... 21,294,640
4. Emprunt municipal.... 17,032,320
5. Fonds des réserves du clergé...........
6. Fonds des sauvages... 15,893,360
7. Fonds des écoles.....
8. Autres fonds.........
9. Deniers comptants et placement dans la banque d'Angleterre et les fonds anglais............ 30,000,000
10. Autres items......... 12,103,960

Total....... 219,967,860 fr.

Un mot d'explication sur ces divers items.

Le premier s'explique de lui-même : il se compose des sommes dépensées pour les grands travaux publics ; le second et le troisième sont formés de la somme due pour rencontrer les payements du prêt fait, à mesure que les travaux avancent, aux compagnies des chemins de fer, garanti comme il a été expliqué plus haut ; le quatrième arrive en vertu d'une loi qui autorise les municipalités à exiger du gouvernement la négociation de leurs débentures locales, en par ces municipalités versant chaque année, entre les mains du receveur général, l'intérêt des sommes ainsi négociées par lui au nom de la province, et de plus une annuité d'amortissement au taux d'intérêt de 6 0/0 pour une période de vingt-cinq années ; le cinquième se forme de l'argent reçu par la vente de ces terres réservées au clergé protestant par une ancienne loi, et dont le receveur général ou la province doit rendre compte aux bénéficiers.

Les fonds des sauvages, des écoles et autres qui forment les sixième, septième et huitième items sont également des fonds spéciaux créés à même le domaine public, et dont le ministère des finances doit rendre compte pour objet spécial. Ces items sont portés au débit et au crédit pour balances, de même que le neuvième item, composé des argents déposés à ordre et notés en mains, de ceux placés à intérêt, remboursables à soixante jours de vue, et de la somme appliquée dans les consolidés anglais comme fonds d'amortissement de notre dette. Le onzième item se compose d'obligations de divers genres créées en vertu de lois spéciales.

Pour rencontrer ces obligations à mesure qu'elles arrivent, voici les moyens que nous avons, formant notre actif :

1° Prêt sur la garantie impériale....................	36,500,000 fr.
2° Débentures payables à Londres	34,551,360
3° Débentures payables en Canada....................	16,551,080
4° Rachat de la dette publique....................	9,776,600
5° Émissions de débentures (faveur du Grand Tronc) autorisées par une loi........	22,041,120
A reporter.....	119,430,160

Report.   119,430,170

6° Autres émissions de débentures faites en vertu de
plusieurs lois............   42,248,640

7° Fonds spéciaux des ré-
serves du clergé, des sauvages, des écoles, et autres
fonds....................   15,893,360

8° Partie du fonds conso-
lidé du revenu pour l'année
courante, et fonds d'amortissement....................   30,000,000

9° Autres sources.......   12,405,700

Total.......   219,967,860 fr.

Les trois premiers items sont formés des em-
prunts faits par nous pour rencontrer cette partie
du premier item du passif, que ne paient pas
nos autres revenus ; ils forment notre dette
directe, qui diminue par la remise de nos
installements, dont l'article suivant, 4, est un
exemple.

Les cinquième et sixième articles forment
notre dette collatérale et sont des moyens créés
pour faire face aux diverses exigences, et que

nous espérons rembourser par les sources même que ces capitaux appliqués vont créer. Par exemple, l'intérêt et l'annuité d'amortissement payés par les municipalités rachèteront les débentures émises en leur faveur. Pour la garantie des chemins de fer, nous avons une hypothèque privilégiée sur ces travaux.

L'item septième sont les revenus des terres mises à part, ainsi qu'on l'a dit, et paient exactement les items cinq, six, sept et huit du passif. Le reste s'explique assez.

Au 1er janvier 1855, notre dette directe était de...................... 87,000,000 fr.

Nos débentures pour chemins de fer, émises, de..... 67,730,000

Nos débentures municipales émises, de.............. 23,458,320

A la même époque, notre fonds d'amortissement créé par l'achat des consolidés anglais à 3 0/0, était de..... 9,025,240

Pour montrer l'état prospère de nos finances, disons qu'en 1849 le coût des travaux provinciaux porté au bilan de

la même année n'excédait la
dette directe d'alors que de   11,300,000

Tandis que le coût des
mêmes travaux, porté au bilan de 1854, excède la dette
directe d'aujourd'hui de....   14,600,000

Et nos travaux valent plus que le montant
inscrit.

Le fonds d'amortissement qui, en 1849, n'é-
tait que de 1,070,660, s'élève aujourd'hui à la
somme de 9,025,240. L'item *Rachat de la
dette*, en 1849, n'était coté qu'à 2,000,000,
tandis qu'il est porté à 9,776,600 dans le bilan
de 1854.

Aussi nos débentures sont-elles des premières sur le marché monétaire anglais. Notre
6 0/0 à remboursement de vingt-cinq années
reçoit une forte prime, qu'on a vu aller aussi
haut que 17.

§ 6.

COMMERCE.

Il convient de donner d'abord le nombre des arrivages et départs dans nos ports de la mer et de l'intérieur. L'année choisie est la dernière dont les rapports complets aient été livrés à la publication par les autorités de douane, c'est-à-dire l'année 1853.

Nombre total de vaisseaux venant de la mer et entrés dans les ports suivants : 1,798.

Dont : Dans les ports de Gaspé...   280
      Dans celui de Québec.....   1,300
      Dans celui de Montréal.....   218

Le tonnage total de ces vaisseaux est de 622,579.

Les vaisseaux sortis sont au nombre de 1,821.

Dont : de Québec, 1,400 ; les autres de Montréal et des ports de Gaspé.

Le tonnage des vaisseaux sortis a été de

658,853, faisant un total tonnage, pour entrées et sorties, de 1,281,432.

Des vaisseaux entrés de la mer, 66 n'appartenaient pas à la flotte marchande de la Grande-Bretagne, mais à des nations étrangères.

Le nombre total des vaisseaux passés dans tous nos canaux, allant soit aval, soit amont, a été de 20,406, avec un tonnage collectif de 2,138,654 tonneaux.

Il a passé par le canal Welland 71,000 tonneaux de farine et plus de 100,000 tonneaux de fer de différentes espèces.

La valeur totale de toutes nos importations, pour 1853, a été de...... 159,907,180 fr.

Celle de nos exportations, de................... 118,915,140

En 1850, les importations ne s'étaient élevées qu'à... 84,910,340

Et les exportations à... 79,808,560

Il est nécessaire de remarquer ici que pour l'item principal de nos exportations, les bois, le chiffre inscrit ne donne que le montant de la valeur de production et non de la valeur produite par la vente, qui naturellement est plus considérable.

Le port de Montréal est celui qui reçoit le plus. Ses importations se sont élevées, en 1853, à 67,630,780 de francs.

Le port de Québec est celui qui envoie le plus. Ses exportations, en 1853, se sont élevées à 48,869,140. Dans ces exportations de Québec ne sont pas comprises les valeurs exportées sous la forme de navires construits dont on verra le tableau plus loin, cette dernière exportation a produit dans la même année plus de 12,000,000.

Les importations du port de Toronto ont été, en 1853, de 23,301,120.

Voici la liste des quelques articles qui fournissent le plus à l'importation, avec la valeur totale de l'importation de chacun des genres de ces articles pour 1853.

Sucre brut..............	5,298,380 fr.
Thé....................	7,802,100
Tabac manufacturé......	2,135,880
Coton.................	26,313,700
Fers manufacturés.......	12,974,400
Toile.................	2,668,280
Lainages..............	5,085,100

Fer en barres et en feuilles.   6,216,100
Fer à rails................   6,871,860
Livres...............   2,064,900

Principaux articles d'exportations, avec valeurs, exportés en 1853 :

Produits des Pêcheries [1] ..   1,700,000 fr.
    D°   Forêts......   47,105,100
    D°   Animaux....   6,852,620
    D°   Agricoles....   39,901,880

Voici le nombre et le tonnage des vaisseaux construits et enregistrés dans toute la province pendant l'année 1853 :

Nombre de vaisseaux....   200
Total tonnage........   61,512 tonneaux.

Il faut ajouter à cela les chiffres suivants de vaisseaux construits dans la province, mais non enregistrés à la douane.

[1] Pour donner une idée de ce que pourraient être les pêcheries du golfe Saint-Laurent, qu'il soit permis de dire que dans les années réunies de 1847 et 1848 il a été reçu 532,711 barils de maquereau dans les ports de l'État de Messachusette, dont la presque totalité avait été prise dans le golfe Saint-Laurent.

Nombre de vaisseaux....   84
Total tonnage. . : . . . .   8,769 tonneaux.

Donnant les chiffres suivants, grand total :
Nombre de vaisseaux....   284
Total tonnage. . . . . 70,281 tonneaux.

Sur ce chiffre figurent :

Québec pour 50 vaisseaux et 49,541 tonneaux.
Kingston   7   d°   2,008   d°.
Gaspé   30   d°   1,583   d°.

Le reste a été construit sur différents points du Haut et du Bas Canada.

Les principales banques incorporées sont les banques de l'Amérique britannique du Nord (succursale), Haut Canada, Montréal, Québec, la Cité, Midland, Gore et du Peuple.

Le bilan collectif des affaires de ces institutions, pour l'année 1853, est comme suit :

Passif.   98,630,140
Actif.   143,100,060

Les principales banques d'épargnes étaient, en 1853, les suivantes :

Banque d'épargnes d'Hamilton ;

Banque d'épargnes de Montréal ;

Banque d'épargnes et de prévoyance de Montréal ;

Banque d'épargnes de Northumberland et Durham ;

Banque d'épargnes et de prévoyance de Québec.

Le montant des dépôts faits dans ces banques était, la même année 1853, de 4,146,080, dont les 19/21 appartenaient aux trois banques de Montréal et Québec.

Les principales compagnies d'assurances, je dis principales, car il y a plusieurs autres institutions de ce genre, mais qui n'ont pas fourni l'état de leurs affaires au cahier des statistiques, sont celles :

1° De l'Amérique britannique, contre le feu et sur la vie ;
2° Du Canada, sur la vie ;
3° Mutuelle, à fonds social, du Haut Canada ;
4° Assurances maritimes de Kingston ;
5°   D°   d°   d'Ontario.
6°   D°   d°   du Saint-Laurent.

Le montant de la propriété assurée contre le feu et l'eau était, comme suit, pour les institutions marquées des chiffres 1, 4 et 6 seulement, les autres montants n'ayant pas été donnés au complet.

Valeurs assurées contre le feu.	21,876,280
Primes d'assurances.........	194,520
Pertes de l'année par le feu...	126,540
Valeurs assurées contre la mer.	12,058,840
Primes reçues.............	138,500
Pertes...................	65,640

Il est bon d'attirer l'attention du lecteur sur ces chiffres comme donnant la mesure comparative des dangers de la navigation en tant que liée avec le commerce du Canada.

Par une loi qu'on appelle *la nouvelle loi des banques*, des priviléges étendus sont accordés aux compagnies qui veulent faire la banque, en donnant, pour garantie de leur solvabilité, des dépôts de débentures provinciales entre les mains du receveur général. Le montant de ces dépôts, au 1ᵉʳ janvier de cette année, allait à 5,842,500, capital collectif des banques qui ont profité de ce système.

Les banques incorporées paient à l'État un impôt de 1 0/0 sur leurs émissions de papier. Cette taxe a produit 461,060 en 1853. L'année la plus considérable avant avait été 1852, dans laquelle cette source avait versé 379, 7.

§ 7.

Nous voulons réunir ici plusieurs petits renseignements omis ou remis et plus particulièrement adressés aux émigrés. Nous entrons en matière sans ordre déterminé pour ce paragraphe.

Les taxes locales sont infiniment plus considérables dans le Haut que dans le Bas Canada. Dans le Haut Canada, les municipalités se chargent des chemins, paient les jurés et encourent plusieurs autres dépenses; tandis que, dans le Bas Canada, on ne se taxe que pour les écoles; les travaux publics, en général, se font par travail personnel, conduits par les municipalités. Le système du Haut Canada, cependant, vaut mieux en ce genre, à tout prendre, quoique certaines municipalités en aient abusé.

Le prix du port des lettres est de 6 sols courant, ou 25 centimes, pour toute la province, au-dessous d'une demi-once; avec le poids des lettres, le taux naturellement augmente. Le transport de livres et de pamphlets peut se faire par la malle à des prix très-réduits.

Le prix du change pour l'Angleterre varie de 20 à 22 0/0. Voici un petit tableau de la valeur des monnaies au courant de la province, qui est le louis d'Halifax, composé de 20 schellings même cours et qui a, à peu de chose près, la même valeur que le louis de France.

MONNAIES		
ANGLAISES.	AMÉRICAINES.	FRANÇ. ET ESPAG.
Souverain.... L. 1.4.6	Aigle . 2.10.0	Couronne........ 0.5.6
Couronne anglaise 0.6.1	Dollar. 0.5.0	Pièce de 5 francs.. 0.4.8
Three schillings, token........ } 3.0	Écu... 0.2.6	Piastre d'Espagne. 0.5.0
Shilling......... 1.3	Dime.. 0.0.6	Pistareen........ 0.0.10
Six pence 0.7 1/2		

Une cabane de colon coûte environ de 100 fr. à 1,000.

Une bonne maison fermière, 1,500 francs à 6,000.

Une bonne grange coûte ordinairement de 20 fr. à 30 le pied linéaire. Ainsi, une grange de 40 pieds sur 30 coûtera 800 à 1,200 francs ; une grange de 200 pieds (comme nous en avons) coûtera de 4,000 à 6,000 francs.

Une grange provisoire de colon nouveau coûte de 100 à 200 francs.

Les gages des journaliers varient entre 3 à 5 francs par jour d'ordinaire. Ceux des hommes de métiers de 5 à 7 fr. 50 : en 1853 et 54, les gages étaient plus élevés que cela en conséquence des grands travaux publics en activité.

Les terres en bois debout, bien situées, en bon sol et voisines des établissements déjà formés, valent en moyenne 15 francs l'acre, et il y a des particuliers qui ont vendu des lots de terres à bois jusqu'à 40 francs l'acre. Celles qui font partie du domaine public, et les terres incultes en font presque toutes partie, sont vendues à des prix réduits et presque nominaux, qui varient depuis 1 fr. 25 c. à 3, 6 et 8 fr. ; la vente de ces terres se fait avec des termes de paiements raisonnables. Les terres sont d'un prix beaucoup plus élevé dans le Haut que dans le Bas Canada ; la population y étant exclusivement britannique, la plupart des émigrés venant du royaume-uni se dirigent là et la demande augmente la valeur.

La route la meilleure, nous l'avons déjà dit, pour les émigrés est par Québec. Les prix de passage pour Québec, de Liverpool, ont varié depuis 60 à 100 fr. dans les vaisseaux à voiles, et sont de 150 fr. environ, en moyenne, dans les vapeurs pour passagers de la classe ouvrière.

Il y a dans nos villes des agents de l'émigration qui donnent toutes les informations nécessaires aux émigrés, et de bons hôpitaux où on les reçoit gratuitement avec attention en cas de maladie.

CONCLUSION

« J'ai vu plusieurs pays étrangers, disait un
Canadien, et j'en ai vu de bien beaux et de bien
riches, où il fait bon à vivre, mais je n'en ai pas
vu qui me puisse faire regretter d'avoir à habiter le Canada. »

« Ceux qui veulent aller habiter le Canada,
disait un voyageur, peuvent s'attendre à trouver
dans les villes et les établissements anciens tout
le comfort des meilleures villes d'Europe, dans
les défrichements nouveaux un vaste champ à
leur industrie, et un retour assuré pour leur travail, surtout s'ils y viennent avec un petit capital. »

Voilà la conclusion de l'auteur ; pour lui, cette
étude de son pays le lui fait aimer davantage ;

et la conclusion qu'il tire pour ceux qui veulent laisser l'Europe pour l'Amérique, c'est que peu de pays offrent un plus bel avenir aux émigrants et à leur postérité, surtout aux agriculteurs, et qui ont la sage détermination de le demeurer. Ce n'est pas qu'on veuille conseiller à celui qui vit à l'aise dans son pays de le laisser pour courir après la fortune. Oh! non; celui-ci aurait à craindre de se voir puni du mépris d'une médiocre prospérité accordée par la Providence. Au reste, pas plus en Amérique qu'en Europe les fortunes brillantes et rapides ne sont communes; mais seulement il y a là plus d'espace, plus de champ pour le travail. Ce n'est pas non plus que le Canada soit une terre de Cocagne où les ruisseaux sont de lait et la rosée de miel. Celui qui partirait d'Europe pour venir n'importe où en Amérique ou aller en quelque endroit du monde que ce soit, avec l'espoir de faire une fortune brillante en peu de temps, aurait une excellente chance de se tromper. Non, l'émigrant forcé par les circonstances de quitter sa patrie doit avoir assez d'expérience du mauvais côté de la vie pour nourrir des pensées plus sobres que celles-là. Mais, répétons-le encore, l'homme pauvre et laborieux, l'homme intelligent et honnête, le capitaliste (quelque petit que soit son capital), le capitaliste industrieux que la difficulté des placements avantageux gêne dans son industrie, tous ceux-là trouveront en Canada ce qui leur faut, et mieux qu'ailleurs sous bien des rapports. Le sol est vaste et fertile, la nature y a fait pousser une riche récolte, la forêt qu'il peut de suite faire valoir; le climat y est remarquablement salubre; les productions naturelles nombreuses et de tous les genres; la nature y est belle et grandiose; les seules choses qui y font défaut sont les bras et le capital.

Maintenant répondons à une question bien naturelle de ceux qui veulent émigrer qui est celle-ci : « Où aller, dans toute l'étendue de « votre immense territoire? Quel est le meilleur endroit? »

Je réponds dans toute sincérité : allez où vous voudrez, je ne sache pas d'endroits beaucoup meilleurs ni moins bons que d'autres; les uns ont des avantages et des désavantages que les autres n'ont pas, *et vice versâ;* partout vous trouverez un asile assuré, mais je dirai avec franchise que les émigrants parlant la langue anglaise, et les émigrants protestants, feraient mieux d'aller se fixer dans le Haut Canada, et les émigrants parlant la langue française, et les émigrants catholiques, rencontreraient plus d'avantages à s'arrêter au Bas Canada. Le Français, le Belge, le Suisse français se trouveront en arrivant dans le Bas Canada, dans leur pays, surtout le Breton et le Normand. Le catholique y verra chaque paroisse surmontée d'un beau clocher portant la croix qu'il a coutume de voir. D'un autre côté, le Yorkshireman, le Higlander trouveront leur patrie transportée dans le Haut Canada.

Les émigrants des îles britanniques ont bien senti cela ; car c'est vers le Haut Canada que se portent leurs colons. Le Bas Canada n'a pas reçu cinquante familles parlant le français depuis la conquête, et il est bien étonnant que sa population ait pu s'élever au chiffre imposant qu'elle a atteint ; c'est peut-être un fait unique dans le monde que cet accroissement prodigieux des Canadiens français, et c'est un fait qui dénote l'état moral et sanitaire de cette population.

Le lecteur voit en tout cela que le but principal de l'ouvrage, qui ne fait que traduire la pensée gouvernementale qui l'a suscité, est d'appeler l'émigration vers le Canada ; et cela dans une idée amie de l'Europe, où la population surabonde, et amie du Canada, où les bras manquent au travail.

Il a été souvent fait appel aussi, dans cet ouvrage, aux capitalistes, et de fait l'homme d'affaires qui étudiera ce petit ouvrage et le catalogue raisonné de l'exposition canadienne à Paris, qui sera incessamment publié, verra qu'il y a moyen de faire au Canada des applications superbes, et dans beaucoup de genres, mais surtout dans l'exploitation des richesses naturelles du sol, des forêts et des eaux, richesses, il est permis de le dire, que le Canada possède au point de n'avoir rien à envier à aucun pays sur le globe.

La question de l'émigration vers le Canada peut en outre présenter un côté beaucoup plus grave et beaucoup plus important que celui de l'intérêt unique du pays ou des émigrants; mais il n'entre pas dans les limites de ce mémoire de traiter des questions d'un ordre si élevé, qui intéressent l'Angleterre comme puissance et

comme métropole, et les Français comme race
et comme alliée de la première. Je me conten-
terai de dire aux deux pays, en terminant,
que leurs intérêts sont ici communs et iden-
tiques.

FIN.

TITRES ET SOMMAIRES

DES

DIFFÉRENTS CHAPITRES DE CET OUVRAGE

I

PRÉLIMINAIRES.

II

RENSEIGNEMENTS GÉOGRAPHIQUES.

III

UN MOT SUR LES PRINCIPALES ÉPOQUES DE L'HISTOIRE
DU CANADA.

IV

CONFIGURATION PHYSIQUE DU CANADA ET RENSEIGNEMENTS
GÉOLOGIQUES ET MÉTÉOROLOGIQUES.

V

PRODUCTIONS NATURELLES ET MANUFACTURÉES.

VI

VOIES DE COMMUNICATION.

VII

INSTITUTIONS POLITIQUES ET CIVILES DU CANADA.

VIII

RENSEIGNEMENTS STATISTIQUES ET DONNÉES GÉNÉRALES.

FIN DE LA TABLE.

PARIS. — IMPRIMERIE DE J. CLAYE, RUE SAINT-BENOIT, 7.

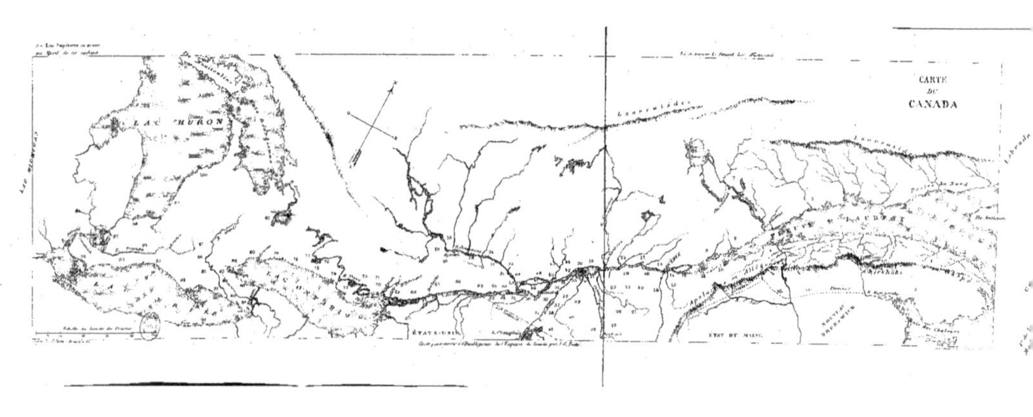

CARTE
DU
CANADA
LAC HURON
LAC ÉRIÉ
ÉTATS-UNIS
L. Champlain
ÉTAT DE MAINE

PARIS. — IMPRIMERIE DE J. CLAYE

RUE SAINT-BENOIT, 7